应急管理系列教材

总主编：沈灿煌

海洋灾害与应急管理

主　编：刘贞文

副主编：陈锦芳　罗施福　郝会娟

厦门大学出版社

XIAMEN UNIVERSITY PRESS

国家一级出版社

全国百佳图书出版单位

图书在版编目（CIP）数据

海洋灾害与应急管理 / 刘贞文主编. -- 厦门：厦门大学出版社，2023.9
应急管理系列教材 / 沈灿煌总主编
ISBN 978-7-5615-9118-5

Ⅰ.①海… Ⅱ.①刘… Ⅲ.①海洋气象-气象灾害-危机管理-教材 Ⅳ.①X432

中国版本图书馆CIP数据核字(2023)第184188号

出 版 人	郑文礼
责任编辑	眭　蔚
策划编辑	张佐群
美术编辑	蔡炜荣
技术编辑	许克华

出版发行　厦门大学出版社

社　　　址　厦门市软件园二期望海路 39 号
邮政编码　361008
总　　　机　0592-2181111　0592-2181406(传真)
营销中心　0592-2184458　0592-2181365
网　　　址　http://www.xmupress.com
邮　　　箱　xmup@xmupress.com
印　　　刷　厦门集大印刷有限公司

开本　787 mm×1 092 mm　1/16
印张　11.5
插页　2
字数　220 千字
版次　2023 年 9 月第 1 版
印次　2023 年 9 月第 1 次印刷
定价　39.00 元

厦门大学出版社
微信二维码

厦门大学出版社
微博二维码

总　序

2019 年 11 月 29 日，习近平总书记在主持中共中央政治局第十九次集体学习时强调，应急管理是国家治理体系和治理能力的重要组成部分，承担防范化解重大安全风险、及时应对处置各类灾害事故的重要职责，担负保护人民群众生命财产安全和维护社会稳定的重要使命。2020 年新冠肺炎疫情暴发，在应对社会性重大突发事件过程中暴露出的短板和不足，反映出健全国家应急管理体系、提高处理急难险重任务的能力迫在眉睫。加强应急管理体系和能力建设，强化应急管理全流程理论研究与教学实践，既是一项紧迫任务，又是一项长期任务。因此，发挥高校人才和智力优势，助力国家的应急管理人才培养和科学研究是新时代高校肩负的神圣使命。

集美大学是习近平同志曾经担任过校董会主席的高校，当年习近平同志要求集美大学充分调动师资队伍的科技要素和社会结合，最后在产学研优化结合方面对社会生产力的发展做出贡献，突出集美大学的学科特色，加上体制创新，培养更多的学科增长点。集美大学发挥学科专业优势，积极参与国家应急管理体系建设，2020 年经批准成为福建省唯一的"应急安全指挥学习工场（2020）"暨应急管理学院建设试点高校，致力于培养应急管理领域高层次研究与实践人才。2021 年，集美大学申办应急管理专业获批；同年，应急管理研究院正式成立。高起点办好一流专业，需要一流师资、一流课程，更需要一流教材。学校联合国内应急管理龙头企业加强应急管理体系建设，组织一批应急管理专家学者开展理论研究和实践教学总结,邀请国内应急管理有关专家,高标准、高质量编写了应急管理系列教材,包括《应急管理基础理论》《应急管理工程技术理论》《应急管理信息化应用》《应急管理法律理论与实践》《海岸带灾害应急管理概论》《海洋灾害与应急管理》《邮轮安全与应急管理》《应急管理案例分析与研究》。该系列教材紧密结合国家应急管理实践要求,注重应急管理基础理论、技术应用、实际案例、法律法规、涉海应急等内容的梳理,将我校"工海"优势学科应用于涉海应急管理领域,形成独具特色的涉海应急管理教学、研究一体化教材。

该系列教材的出版,表明了集美大学对服务好国家应急管理战略的决心和能力,是我校应急管理学科专业建设的阶段性成果,展示了我校应急管理专业建设成效,极大地增强了应急管理人才培养能力,提升了我校应急管理的研究水平。下一步,我校将进一步深化应急管理研究成果和实践教学的应用和转化,为服务国家应急管理战略贡献更大的力量。

2022.5.28

前　言

　　党的十八大以来,习近平总书记始终坚持"人民至上、生命至上",坚持"以人民为中心",始终把保障人民群众生命财产安全放在第一位,高度重视各类突发事件的预防和处置,并将其提升到理论高度。党的二十大报告强调,要强化国家安全工作协调机制,完善国家安全法治体系、战略体系、政策体系、风险监测预警体系、国家应急管理体系,完善重点领域安全保障体系和重要专项协调指挥体系,强化经济、重大基础设施、金融、网络、数据、生物、资源、核、太空、海洋等安全保障体系建设。提高国家应急管理水平,提升防灾减灾能力,推进应急管理现代化是实现第二个百年奋斗目标和中华民族伟大复兴中国梦的强有力保证。

　　我国是世界上自然灾难最为严重的国家之一,也是世界上海洋灾害最严重、最为频发的国家之一。中华民族在长期应对各种突发事件的实践中积累了丰富的经验,"安而不忘危,存而不忘亡,治而不忘乱","居安思危,思则有备,有备无患"。但对于频发的风暴潮、海浪、海冰、海啸、赤潮等海洋灾害,国家目前的应急管理体系和能力仍然相对落后,应急管理理论、技术及其相应的体制、法制系统也不健全,迫切需要对风暴潮、赤潮、海上溢油、入海危险品等海洋灾害的应急管理技术、案例、应用进行细化,并匹配相应的应急管理体制和应急法律制度,以促进适应中国现代化的海洋灾害应急管理体系的系统化和立体化建设。

　　本书从海洋灾害的分类、特点及应急管理理论出发,结合我国的海洋灾害特征,着重介绍不同海洋灾害的应急管理运行机理及各环节的关键技术,包括风暴潮、赤潮、海上溢油、入海危险品等应急处置技术及推进策略等,并辅以案例进行应用分析,最后结合我国特色海洋应急管理体制和法律法规进行阐述,以探索我国海洋灾害应急管理实现路径。

1.本书的形成

为深入贯彻落实习近平总书记关于应急管理工作重要指示精神,提升重大安全风险防范和应急处置能力,为国家输送具有应急理论知识和应急救援能力的优秀人才,集美大学于2020年10月启动了应急管理学院筹备工作,明确了以教材的编写出版为抓手,凝聚校内应急管理学术力量的工作思路。学校向全校公开征集教材编写项目,首批立项了4个产教融合应急管理基础教材研究项目,并于2021年4月启动了第二批教材编写研究项目的申报工作。本书是第二批基础教材研究项目,项目组组成专家团队展开教材编写工作,调研了各地应急部门,搜集资料,请专家指导,经过几轮的不断修订,终于成稿。

2.内容安排

本书共分七章,各章主要内容简介如下:第一章主要介绍海洋灾害的内涵和海洋灾害应急管理理论基础。第二章主要介绍风暴潮灾害的内涵、特征与应急预案。第三章主要介绍赤潮(浒苔)灾害的内涵、特征与应急预案。第四章主要介绍海上溢油污染的内涵、特征与应急管理体系。第五章主要介绍危险品泄漏入海的内涵、特征与应急处置预案。第六章主要介绍我国特色海洋应急管理的构成要素与应急体制。第七章主要介绍中国海洋应急管理的相关法律法规等。

3.教材适用范围

本书阐述了四类典型的海洋灾害的内涵特征及应急预案,同时介绍我国特色海洋应急管理体制与相对应的法律法规,适合作为大中专院校应急管理相关专业的教材,也可作为应急管理各部门的参考资料。

4.分工

本书在统一拟定的框架下由不同专业的教师分工编写。由于应急管理覆盖较多分支学科,这些学科的性质有一定的差异,同时考虑照顾不同专业学生的需要,故书中各章取材的广度和深度可能不尽相同。撰写分工如下:第一、二章由刘贞文撰写,第三章由郝会娟编写,第四章由郝会娟和孟晓共同编写,第五章由陈锦芳撰写,第六、七章由罗施福撰写。全书由刘贞文统稿,陈锦芳协助定稿。

限于作者学识水平,本书虽几经修改,但仍然存在不足和疏漏之处,恳请读者批评指正。联系邮箱:liuzhenwen@jmu.edu.cn。

刘贞文

2023 年 8 月

目　录

第一章

绪　论

1.1　海洋灾害

1.1.1　概述

海洋中积聚和输送着无比巨大的能量,这些能量一旦以某种突发的方式释放,则可能对人类构成非常大的危害。在人类面临的众多自然灾害中,把发生在海洋上和滨海地区,由于海洋自然环境异常或激烈变化,超过人们适应能力而发生的人员伤亡及财产损失称为海洋灾害。

海洋灾害主要对海上及海岸地区造成危害,有些还危及自岸向陆广大纵深地区,同时也威胁着沿海城镇人民生命财产的安全和经济建设。根据海洋灾害的形成机制和危害程度,通常将风暴潮、巨大海浪、严重海冰、海啸、赤潮等划分为突发性海洋灾害;将海平面变化、海岸侵蚀、海水入侵及沿岸土地盐渍化、港湾和河口淤积等划分为缓发性海洋灾害。

海洋灾害是地球运动的产物,也是一种特殊的自然现象。它是地球能量和物质结构不均衡,导致能量转移或物质运动,水、气、岩石各圈层的物质运动、能量变化以及物质与能量相互交换而引起的。地球诞生以来,海洋曾出现过多次突变,在没有人类之前的突变,尚不能称为"灾害",只能称为"灾变"而已。海洋自然环境条件骤变和海洋天气的无常变化,是海洋灾害形成的主要原因。海水剧烈的振动导致风暴潮、巨大波浪的产生;地壳内能量的急骤释放和岩石、坡体的位移导致海底地震、火山爆发等,引发海啸;赤道太平洋表层海水温度比一般年份异常偏高,引发厄尔尼诺现象并导致全球气候异常;海水温度增高,海水体积增大,出现海面上升与海水入侵等灾害;两极冷气候带的迁移,于是出现气候变冷、寒潮次数增多、海冰灾害严重等现象。这些灾害的形成实际上仍是各个圈层(水圈、大气圈、岩石圈)发展演化的自然现象,故自然属性是海洋灾害的基本属性。因此,海洋灾害是与人类共存的、必然的、不可避免的。

人类自诞生以来,为了生存和发展,一直与海洋灾害进行斗争,其措施是多种多样的。对于不同的海洋灾害,人类采取的重点防治途径不尽相同。例如,对风暴潮、巨大海浪、严重海冰、地震海啸等强烈的突发海洋灾害,目前人类还没有能力进行控制,施加影响,只能被动性防御,即在认识海洋灾害风险的基础上,加强观测、预报,科学规划工程建设,提高工程设施的防御能力,科学合理地安排海上生产活动,并且在临灾时及时转移人口、财产等,从而减少灾害破坏的损失。对于赤潮、海平面上升、海水入侵、海岸侵蚀、农田盐渍化等,除了采取被动性防御措施减少损失外,还可以在一定程度上削弱或影响灾害活动过程,达到减灾防灾目的。例如,通过回灌地下水等措施防止海水入侵,控制陆源污染向海洋超标排放,降低海水富营养化程度,降低赤潮发生频次等。

在经济社会发展过程中,人类一方面通过防治海洋灾害,重视保护和治理环境,从而削弱一些自然灾害;另一方面人类不合理开发利用资源、围海造田以及工程建设等,也可能导致某种海洋灾害的发生和发展。导致海洋灾害发生和发展的行为主要表现在:盲目地围海造田,使海洋环境条件发生变化;乱挖珊瑚礁,破坏海洋的生态环境;乱砍滥伐红树林和其他沿岸防护林,降低防御海洋灾害的能力;过量开采地下水资源,乱挖海砂等,造成海水入侵;大量陆源污染物向海洋超标排放,导致海洋环境恶化、赤潮发生等。因此,海洋灾害除具有自然属性外,还具有社会属性,而且随着人类活动不断作用于生态环境,自然灾害的社会属性也越来越明显。

1.1.2 海洋灾害的形成过程

海洋灾害是由于部分海洋气象、水文、生态因子的剧烈扰动,打破原有海陆自然环境系统平衡,进而对人类社会造成威胁和损害的事件过程。海洋灾害对人类社会的损害是多方面、多层次的,既有因巨浪、风暴潮、海冰等海洋灾害因子造成的各类海陆设施、设备的物理性破坏和直接的人员伤亡,也有因灾造成物流、人流、信息流阻断对正常生产、生活秩序的间接干扰。一些海洋灾害造成较大人员伤亡和财产损失,严重冲击正常的社会秩序和人际关系,对受灾地区民众心理产生巨大的负面影响。因此,海洋灾害特别是海洋巨灾对人类社会的损害绝不仅仅局限于直接受灾场所和人员,而是延伸到受灾地区的整个社会,甚至向更大的范围蔓延。灾害的影响也不再仅仅限于灾害发生的时段,而是从灾前一直延续到救灾、善后、重建的各个阶段。

海洋灾害造成损失后果的严重程度,是由海洋灾害致灾因子和承灾体两个方面的因素决定的。所谓致灾因子是指导致灾害发生的触发因素,如台风风暴潮中的直接致灾因子是因台风引起的沿岸涨水,台风过境带来的大风、暴雨、海浪等气象因素往往加剧了风暴潮的危害性,单独或与沿岸涨水共同造成的灾害也可作为台风风暴潮的致灾因子。海浪灾害的致灾因子是巨浪,巨浪往往与狂风共同作用,对海上设施、船舶造成损害。海冰灾害的致灾因子是海冰,以及因海水结冰而产生的巨大作用力。海啸的致灾因子是海底地震或火山爆发激发的海洋长波在近岸浅水中形成的蕴含巨大能量的"水墙"。赤潮灾害的致灾因子是赤潮生物及其毒素。承灾体是指直接受到灾害影响和损害的人类社会主体,包括人的群体和个体,以及与人类有关的环境、经济、社会等方面。海洋灾害的承灾体首先包括与人类在海上或沿岸活动中息息相关的各类生产和生活工具,如船舶、海上平台、海堤、房屋、农田等,也包括那些不与致灾因子直接作用,而受灾害后果或衍生灾害影响的社会性因素,如人类的经济活动、信息、社会秩序和关系等。

致灾因子和承灾体的相互作用,是海洋灾害成灾的充分和必要条件。仅存在致灾因子和承灾体两者之一,或两者都存在但不发生作用,都不能形成海洋灾害。如在广阔大洋无人类活动区域上因台风形成的巨浪、在未开发的无人海岛上形成的风暴潮、北极地区形成的海冰,都不能称为海洋灾害;在巨浪中海上设施和船舶因结构坚固、防灾措施得力,未发生损坏并且未影响正常的生产和航运活动,也不能称为海洋灾害。只有当致灾因子的破坏性与承灾体的脆弱性形成叠加的时候,方能形成海洋灾害。

海浪、高潮涨水、海冰、海洋长波等自然因素固然是海洋灾害的直接致灾因子,但很多灾情并不是由这些致灾因子直接造成的。灾害中,这些致灾因子造成的灾害后果往往形成新的致灾因子,作用于其他承灾体,造成新的损害,从而形成多层次、多方面的灾害后果。以风暴潮灾害为例,风暴潮以及伴随而来的海浪、大风、暴雨等致灾因子会导致海上航道中断、港口码头封闭,严重的风暴潮还可能迫使临海地区道路、车站、机场封闭,在这个环节中,承灾体是海陆交通基础设施,灾害后果是设施毁损、交通受阻。这一灾害后果作为新的致灾因子,作用于该沿海地区的物流、人流体系(承灾体),打断当地正常的生产原料、生活资料供应(灾害后果);生产原料和生活必需品供应不足,必将使部分企业生产和居民生活出现困难。这些困难如果在一定时间内不能解决,将可能使灾区民众不满情绪加重,从而破坏正常的社会秩序和关系,甚至引发新的突发公共事件。从以上事例中可以看出,随着灾情的不断发展,海洋灾害所造成的损害从最初的人员伤亡和直接经济损失逐渐向经济、社会的各个方面蔓延,承灾体的范围不断扩大,灾害后果从最初的直接受灾点向社会其他领域延伸,灾害的后果趋向于复杂化、立体化。在自然灾害灾情深化的各个环节中,前一阶段的灾害后果作为下一阶段的致灾因子,作用于新的承灾体,引发更大范围和不同层次的灾害后果。

1.1.3 海洋灾害的构成要素

海洋灾害主要是由致灾因子、孕灾环境、承灾体及其易损性和灾情构成。

海洋致灾因子包括自然和人为两大类,并且自然和人为两类致灾因子的作用又往往是相互交织在一起的,所以有时很难把它们区分开来。自然类致灾因子主要包括物理海洋学因子,如天文潮(潮汐、潮流)、风暴潮、海啸、海浪、海冰、海平面变化、海流等;海洋气象因子,如热带气旋、温带气旋、风、气温、湿度、能见度与海雾等;海洋生物因子,如赤潮和其他生物性因子;地质、地貌因子,如海底和沿海地震、沿海地面沉降与塌陷、海岸侵蚀、海湾河口淤积、海水入侵沿海地下含水层、沿海土地盐渍化等。人类活动影响因子,如海洋污染(包括海水富营养化),沿海地区地表水干涸和地下水超采,不合理的海岸、离岸和海上工程,人为促淤造地,河口及海域采砂,无序无度围海造田,乱砍滥伐红树林和其他沿海防护林,以及其他有害于海洋环境和生态的生产活动等。

孕灾环境是由地球大气圈、水圈(包括海洋)、岩石圈、生物圈、人类社会圈五大圈层所构成的地球表层环境。海洋灾害的孕灾环境包括海岸带、离岸、近海、中远海和世界大洋。孕灾环境的改善,能有效减轻灾害。孕灾环境的变化,往往能直接影响到灾害发生的频率、强度及损失情况。例如,沿岸红树林等被乱砍滥伐,一方面造成海岸带生态系统严重破坏;另一方面还使消浪护堤、沿岸促淤作用减弱或消失,增加风暴潮和风暴浪灾害的严重程度。

海洋灾害的承灾体是指直接受到海洋灾害影响和损害的人类社会主体及人类赖以生存的资源、环境等,主要包括海岸带地区的工业、农业、能源、建筑业、港口、交通、通信、教育、文化、防灾减灾工程设施,生产、生活服务设施,人们所累积的一切财富及海上的海洋开发、生产、安全服务设施等。

1.1.4　海洋灾害的危害方式

海洋灾害对沿海地区或海上的危害方式主要包括以下三个方面。

1.社会危害

造成人口伤亡以及饥饿、疫病,危害人类生命、健康和正常生活,破坏资源环境,加剧地区贫困,激化社会矛盾,阻碍社会经济的可持续发展,甚至影响社会稳定。

2.经济危害

破坏沿岸和海上各类工业、工程设施及物资、设备,破坏居民生活住所及公共设施,淹没耕地、盐田、海水养殖区,影响船舶航行、海上施工的安全,造成直接或间接经济损失等。

3.环境资源危害

破坏沿岸土地、水、植被和海洋资源、生态环境等,恶化人类生存条件。

综上所述,随着沿海地区经济社会的不断发展及海洋开发活动的深入发展,受灾体的范围不断扩大,种类也越来越多。海洋灾害的危害程度或破坏损失程度的高低,除了受海洋自然灾变的强度影响外,与灾害影响区的社会经济条件密切相关。一般情况下,在灾害危害区内受灾体的种类越多,密度越大,价值越高,被灾害损毁后的可恢复性越差,所造成的破坏损失越严重,即成灾程度越高。在通常情况下,经济社会不发达、人口稀少区,沿岸工程设施和海上生产开发活动稀疏、工农业产业不发达区,海洋灾害所造成的破坏损失小;相反,在社会经济发达区,沿岸城镇、人口密集区,沿岸工业、海岸工程设施高度集中区,灾害的破坏效应大,危害范围广,造成的破坏损失严重。我国沿海地区社会经济比较发达,城镇人口、财产密度高,有众多工业基地,工农业生产高度发达,因此,是受海洋灾害危害最严重的区域。

1.1.5 海洋灾害的基本特征

海洋灾害具有以下四个典型特征。

1.突发性

突发是相对于非突发而言的。绝大多数海洋灾害发生、发展迅速,留给人类的反应时间很短。虽然在目前的气象水文监测预报水平下,大部分海洋灾害可以实现事前预报、预警,但由于真实发生的时间和地点难以准确预见,对于特定的灾害发生区域来说,仍然具有比较强的突发性。很多海洋灾害是在人们缺乏充分准备的情况下发生的,使人们的正常生活受到影响,使社会的有序发展受到干扰。如由热带风暴或温带风暴引起的风暴潮和海浪灾害,由于风暴发展强度和运行路径不确定,往往在登陆之前24小时之内,甚至几个小时之内才能确切地预报灾害的发生范围和强度。由于事发突然,人们在心理上没有做好充分的准备,会产生烦躁、不安、恐惧等情绪;社会在资源上难以做到充分准备,无法针对具体情况制定处置措施,给沿海地区的减灾、救灾工作带来较大的压力。

2.不确定性

海洋灾害具有一定的不确定性。一是发生状态的不确定性。海洋灾害发生的时间、地点、形式和规模,在灾难爆发前通常是无法准确预知的。随着海洋监测预报体系的完善,有些海洋灾害通过科技手段和经验知识,能够减少某些不确定因素,但是很难准确界定不确定因素造成的结果。以海冰灾害为例,通过多年观测和经验可以得知,其主要发生时段在冬季,主要发生范围在渤海湾近陆海域,但由于冰情年际变化较大,具体发生冰灾的时间和地点是不确定的。二是事态变化的不确定性。海洋灾害发生后,由于信息不充分和时间紧迫,绝大多数决策属于非程序化决策,响应人员与公众对形势的判断和具体的行动以及媒体的新闻报道都会对事态的发展造成影响。许多不确定因素在随时发生变化,事态的发展也会随之发生变化。

3.破坏性

海洋灾害的破坏性主要表现在五个方面:威胁生命安全、造成财产损失、破坏生态环境、扰乱社会秩序、引发心理障碍。海洋灾害发生过程中,由于人们缺乏各方面的充分准备,难免出现人员伤亡和财产损失,破坏自然环境、生态结构,打乱正常的社会秩序和民众生活习惯,引发公众的不安和恐慌情绪。有些破坏是暂时性的,如堤防毁坏、房屋倒塌、街道积水等,可以随着海洋灾害的结束和重建工作的开展而逐步消除;而有些破坏产生的影响则是长期的,如岸线改变等。

4.衍生性

衍生性是指原生海洋灾害易引发其他类型突发公共事件的特性。海洋灾害的衍生性增大了应急处置的难度。在一些灾害中,衍生灾害的危害程度低于原生海洋灾害,影响范围小于原生海洋灾害,如风暴潮灾害一般造成设施毁损、人员伤亡、海水倒灌等破坏,海浪灾害一般导致船舶沉没、人员伤亡等损失,其主要危害都是海洋灾害本身所造成的,一般发生在灾害进行过程中。这种情况下的应急管理主要力量应集中于原生海洋灾害的处置,应急活动的主要对象不会发生改变。但在另一些情况下,衍生灾害的危害程度高于原生海洋灾害,影响范围大于原生海洋灾害,如历史上有些海啸、风暴潮灾害造成大量伤亡后,引起了灾区饥荒、瘟疫等次生灾害,其影响范围和危害程度远远超过海洋灾害本身。从本质上讲,针对这类灾害应急活动的主要对象已经改变,需要重新调整资源分配,应对次生灾害。除少数情况外,大多数海洋衍生灾害都是可以减轻甚至消除的,历史上海洋衍生灾害造成重大损失的原因往往是灾害应急处置准备不足、计划失误和管理失控。

1.1.6 我国近海主要海洋灾害

我国海洋灾害种类多、分布广、发生频率高、影响范围大,我国是世界上海洋灾害最严重、最频发的少数国家之一。这与我国地处世界上最不"太平"的太平洋沿岸有直接关系。我国海域南北纵跨热带、亚热带和温带,濒临太平洋,冬季受亚欧大陆气候的影响,夏季受台风的袭击,海洋环境复杂多变,从而导致海洋灾害频繁发生。

按照风暴潮、海浪、海冰、海啸、赤潮等主要海洋灾害空间分布的特点,中国海区大体分为三个海洋灾害区:渤海和黄海区域、东海区域和南海区域。其中,东海区域灾害最严重,风暴潮、赤潮、海浪、海啸灾害占全海区的54%;渤海和黄海区域海洋灾害种类最多,除台风风暴潮、赤潮、海浪、海啸外,还有温带风暴潮和海冰灾害,各种灾害约占全部海区的18%;南海区域最辽阔,各种海洋灾害约占全部海区的28%,主要分布在北纬12°以北海区,北纬12°以南地区较少。

从沿海各省区市的分布情况来看(表1-1),2012—2021年受海洋灾害影响经济损失最严重的省份依次为广东省、浙江省和福建省,其累计直接经济损失分别为269.37亿元、196.19亿元和134.33亿元;海洋灾害导致的死亡失踪人口最多的省份也集中在浙江省、广东省和福建省,其累计死亡失踪人口依次为112人、96人和80人。

表 1-1   2012—2021 年沿海各省区市主要海洋灾害损失

沿海省区市	致灾因子	死亡失踪人口/人	直接经济损失/亿元
辽宁	风暴潮、海冰	4	23.06
河北	风暴潮	0	36.36
天津	风暴潮	0	0.86
山东	风暴潮、海浪、海冰、绿潮	0	66.02
江苏	风暴潮、海浪、海冰、赤潮	40	20.15
上海	风暴潮	0	1.19
浙江	风暴潮、海浪、赤潮	112	196.19
福建	风暴潮、海浪、赤潮	80	134.33
广东	风暴潮、海浪	96	269.37
广西	风暴潮、海浪	6	45.76
海南	风暴潮、海浪	43	52.11

资料来源:自然资源部《2012—2021中国海洋灾害公报》。

近十几年来,海洋灾害的破坏越来越广泛,造成的危害越来越严重,同时由于人类活动的影响,海洋污染和海洋环境异常变化加剧,导致赤潮等海洋灾害日趋严重。以我国为例,20世纪50年代平均每年损失1亿元左右;而2012年到2021年,海洋灾害造成的直接经济损失达到了845.42亿元,年均损失超过84.54亿元。

在各类海洋灾害中,不论从发生范围还是从灾害损失而言,风暴潮都居首位,几乎遍及我国沿海,成灾概率较高。在我国历史上,由风暴潮造成的人民生命财产损失触目惊心。风暴潮引起的增水不但危及海岸,还可直接由海岸向陆地深入达70多公里,造成灾害。2012—2021年由风暴潮造成的我国经济损失占海洋灾害总经济损失的92.74%(表1-2)。其中占海洋灾害总经济损失比例最高的年份为2014年、2015年和2019年,这三个年份损失比例均超过了99%。风暴潮灾害直接经济损失超过100亿元的有四个年份,依次为2012年、2013年、2014年和2019年。

表 1-2　2012—2021 年我国风暴潮灾害损失

年份	次数	死亡失踪人数	直接经济损失/亿元	当年海洋灾害总经济损失/亿元	占比/%
2012	24	9	126.29	155.25	81.35
2013	26	0	153.96	163.48	94.18
2014	9	6	135.78	136.14	99.74
2015	10	7	72.62	72.74	99.84
2016	18	0	45.94	50	91.88
2017	16	6	55.77	63.98	87.17
2018	16	3	44.56	47.77	93.28
2019	11	0	116.38	117.03	99.44
2020	14	0	8.1	8.32	97.36
2021	16	2	24.67	30.71	80.33

资料来源:自然资源部《2012—2021 中国海洋灾害公报》。

赤潮多发区主要位于南海的珠江口附近海域、大鹏湾、大亚湾、柘林湾、深圳湾以及香港周围海域,东海的长江口附近海域、杭州湾、厦门港附近海域,黄海的大连湾海域、胶州湾。渤海、长江口(包括杭州湾)和珠江口海域属于赤潮的重灾区。渤海和长江口赤潮发生的面积相对较大,而珠江口海域赤潮发生的面积相对较小,但发生频率相对较高。渤海海峡、黄海中部是海浪海难事故高发区。东海南部、台湾海峡和南海北部,大浪分布频率较高。

我国的海冰灾害主要发生在渤海、黄海北部和辽东半岛沿岸海域。海啸灾害历史记录表明,海啸主要发生在我国台湾省和南海沿岸,其中台湾省沿岸是高发区。海平面上升,按海区东海沿岸上升速率最大,南海和黄海次之。

1.2 海洋灾害应急管理理论基础

1.2.1 应急管理理论

应急管理是在应对突发事件的过程中,为了降低突发事件的危害,达到优化决策的目的,对突发事件的原因、过程及后果进行分析,有效集成社会各方面的相关资源,对突发事件进行有效预警、控制和处理的过程。应急管理的根本任务就是对突发事件做出快速有效的应对。这里的有效指的是应对方案的可操作性、准确性、经济性。因此,面对复杂多变的各类突发事件,怎样组织社会各方面的资源,快速有效地防范和控制突发事件的发生和蔓延,是需要解决的主要问题。

应急管理学科的建立和发展,可以为突发事件处置中的实际工作提供原理和方法。突发事件在不同领域发生具有不同的形式和特征,发生的原因、发展的规律各种各样,要找到能应对一切突发事件的方法是比较困难的。但是,各类突发事件仍然可以找到其普遍性特征。比如,突发事件的发生具有潜在性,有的具有先兆特征,事件的影响范围具有扩散性,事件对人、财物具有伤害性、破坏性。因此,人们可以根据一些普遍性的特征建立应对突发事件的一般措施。再加上一些领域的专业知识,就可以形成一整套应对体系,发挥积极作用。通过研究突发事件的发生和发展规律,增加对一些事件的了解和认识,能为未来成功地应对突发事件建立理论基础。

应急管理的客体主要是突发事件,这些事件所处的领域往往不同,造成不同突发事件的发生发展规律迥异,给应急管理带来了困难。这就需要首先对容易发生重大危害事件的领域进行专业性、针对性的研究和分析,才能够制订比较完善的应对方案。如火灾是一个突发性和危害性较大的事件,由于发生地区不同,防治措施的差别也是很大的,如对于森林火灾和城市住宅区的火灾,应急处理方案就截然不同。

由于突发事件的潜在危害性,需要在限定的可控时间内处理完毕,否则事件的影响和造成的损失就会有扩大的趋势,这就需要迅速组织所需的多种资源来应对这些突发事件。突发事件的处理必须最终落实在资源的使用方面,在资源管理中需要考虑多种需求问题,如资源的布局、资源的有效调度等。因此资源管理是应急管理的一项重要内容。资源的布局是为了有效应对突发事件,预先把恰当数量和种类的资源按照合理的方式放置在合适的地方。配置资源时,要考虑资源的一些约束条件,如运输时间、运输成本、资源的综合成本等。换句话说就是把一定种类和数量的资源放置在选定的最佳区域,使其发挥最大的效益。资源调度在应急管理中是一个实施过程,就是把资源组织起来,把一定数量的资源在限定的时间内集结到特定的地点。这里的资源并不只是局限于物资资源,还包括各种相关的社会资源、环境资源及人力资源。有效的布局有助于资源的调度,并且在资源的调度中,还要考虑资源的协调。突发事件应急管理所需资源可能来自多个领域,这些资源的组织协调工作显得十分重要。各方面的组织协调工作的好坏,会影响到资源的使用效率和对突发事件处理的成功程度。

从宏观上讲,应急管理对社会的作用有以下两点:一是保障安全。突发事件的应急管理在实施过程中,通过对突发事件的早预警、早做准备,能够避免一些事件的发生,或者极大限度地降低事件带来的危害性,从而达到保障人类生命财产安全的目的。另外,通过对突发事件的研究,增加安全管理方面的知识,可以促使人类树立和增强安全意识,保障各类社会活动的安全。这些都为安全管理带来了保障。二是确保社会稳定。由于突发事件的危害性和扩散性,影响的范围会从发生点扩展到其他区域,造成社会的不稳定。如 SARS 疾病的暴发,不但对人类的生命安全造成了伤害,而且给社会带来了恐慌,一段时间内使人们生活在一个人人自危的环境中,社会各行各业受到冲击,给社会各个方面带来了巨大的影响。如果突发事件的保障措施得当,能够把事件的影响限定在一个局部区域,就不会对社会其他区域带来消极影响,从而保障社会的稳定。

从应急管理的内涵来看,美国学者普遍认为,应急管理包括 4 个阶段,即减缓、准备、响应和恢复。清华大学薛澜教授认为,从最广泛的意义上说,危机管理包含对危机事前、事中、事后所有事务的管理。王宁、王延章提出应急管理是对突发事件的预防、应对、协调、善后、评估等一系列管理活动的概括。可见,无论是美国学者认为的应急管理包括 4 个阶段,即减缓、准备、响应和恢复,还是中国学者认为的事前、事中、事后的管理,其内涵是基本一致的。

突发事件应急管理的过程包括对事件的预警、预案管理、对事件的处理和事后的处理。其中,预警是一个重要的环节。所谓预警,就是根据一些突发事件的特征,对可能出现的突发事件的相关信息进行收集、整理和分析,并根据分析结果进行设施的规划,给出警示。预警的目的就是对可能发生的事件进行早发现、早处理,从而避免一些事件的发生或最大限度地降低事件带来的伤害和损失。

应急管理中,预案管理是一个重要内容。预案是对具有一定特征的事件进行应对时可能采取的一些方案的集合。预案由一系列的决策点和措施集合组成。预案管理贯穿在应急管理的主要过程中,如预案的准备和制订就是总结突发事件的处理经验,把它们作为案例记录下来,用于指导将来可能发生的一些事件;对事件的处理过程就是预案的实施和调整过程;预案管理还是对一些可能出现事件的规律进行分析和预测,通过研究事件相互之间的联系,寻找其中的一些规律性的特征,来指导预案的准备和制订。另外,预案的完善程度也反映出一个组织处理突发事件的能力。

对突发事件的处置是应急管理的核心,表现为对各种资源的组织和利用,在各种方案间进行选择决策。当突发事件发生以后,事件的各种表现形式及特征都将逐步显露出来,这就要求对事件产生的各种影响进行整理分析,对事件未来的发展趋势进行预测,根据分析的结果,对各种应对措施做出相应的决策。其间还会涉及对各级政府的法规、政令、条例的遵守以及相关人力资源的调动、物资的调拨等一系列行动。事后处理是在突发事件的影响减弱或结束之后,对原有一些状态的恢复,对事件的相关部门、人员的奖励和追究责任。另外,还要对发生的事件及时形成案例,总结经验教训。

1.2.2 自然灾害风险管理

自然灾害风险本身源于自然环境本身,若干年来包括物理、化学、地质等自然科学领域的自然灾害研究成果层出不穷,而经济学家们较早关注自然灾害风险及其管理却是从政治经济学的角度。20世纪60年代以后涌现出了大量研究自然灾害风险管理的政治经济学动机的文献。研究者们认为,自然灾害尽管源自自然环境因素的作用,但本质上发生在政治空间中。在这个空间中政治或政府动机会影响对自然灾害风险的防范、控制以及危害处理方式,甚至在事前影响自然灾害风险发生的实际可能性与危害程度。相对而言,富裕的政府或更加关注社会福利的政府会在灾害风险控制方面如防损与减损方面投入更多的资金,而与此同时,政府也会利用这个过程更新自身的权力布局,自然灾害风险的防范因而体现出了一定的政治效应和地缘效应。除了政府的努力,自然灾害风险的事后管理中往往会伴随国际或一些国内人道主义援助。援助将基于实际损害情况实施,这可能产生另一种道德风险,即政府有意缩减自然灾害防范投入或灾后的建设开支而吸引国内外的援助资金。这里产生的两个可能后果是,防灾减灾基础设施投资不足提高了自然灾害发生的可能性,灾后救助资金不充足进一步导致社会与经济秩序恢复缓慢。这些体现出了自然灾害风险管理中的另一种政治效应,即挤出效应,在具有较多国内外经济救助渠道的国家该效应尤其明显。

在以上理论分析中,学者们主要通过建立政府的目标函数或社会福利函数,并通过期望效用最大化工具分析政府主体在风险管理过程中资金投入的最优水平。另一些学者则通过分析实证数据,为以上理论分析提供现实佐证。Garrett 与 Sobel (2003)运用美国数据验证了政府动机与灾害救助之间存在计量关系,结论是政治诉求在联邦灾害救助的各项原因中能够起到 50% 的作用。Kahn(2005)则考察了世界范围内的数据,进行了国别间的比较,结论是在政治影响下,经济落后国家的自然灾害后果总是更为严重,而经济发达国家的自然灾害后果则相对较轻。这些研究成果对自然灾害风险的管理提供了政策上的启示:首先,一国社会政治经济结构的改善有助于自然灾害风险的管理,政府机构在风险管理中的主动性增加能够改善社会总体进行自然灾害风险管理的动机并提高效率,而经济总量的增加则为管理的具体实施提供了支持。其次,从更宏观的角度来看,要从国际角度来配置灾害救助资源。除了要具体参与防损与减损,提高救助在自然灾害事后风险管理中的效率,更要在国际救助与政府的风险管理之间寻找平衡点,使这两者协调发展而非相互替代。

与涉及较多政策层面的政治经济学视角不同,传统的经济学视角仍然是基于对自然灾害风险所带来的经济影响,即损失或成本的研究。Pelling 等(2002)与 ECLAC(2003)将自然灾害风险的经济影响归纳为直接损失与间接损失两个层面。直接损失来自自然灾害事件的直接影响,包括这些事件对社会固定资产、资本、原材料、存货以及各类自然资源的消耗,也包括对社会人力资本的消耗,后者以死亡率和伤残率为显示指标。间接损失则是指在自然灾害事件发生之后社会经济运行可能受到的进一步影响。这种影响或源于修复损毁的物质类基础设施所需支付的代价,或源于使用替代型基础设施给其他部门带来的经济资源短缺。当社会正常的商品与服务提供过程被中断,生产资源和劳动力就需要重新配置,要实现初始的生产效率则相当困难。所有的这些影响或者成本都可以用宏观层面的经济指标来表示,例如 GDP 的减少、财政支出的增加,以及消费、投资、国际贸易账户的变化等。除此之外,成本还可以从时间的角度区分为短期成本和长期成本。所有这些损失评估方法为自然灾害风险成本的深入研究提供了基本准备。

此后,一些学者运用自然灾害风险成本衡量方法分析了国别间的实证数据,并在区分直接成本和间接成本、短期成本和长期成本的基础上进行了个别自然灾害风险的案例分析。例如,Raddatz(2007)利用宏观经济动态模型分析了自然灾害风险对发展中国家的短期经济产出所产生的外部冲击。Loayza 等(2009)对研究进行了扩展,并使用面板数据分析了不同自然灾害风险所产生后果的不同,结论尤其强调大规模自然灾害对经济可能产生的严重负面影响。从这些研究成果可知,自然灾害总体来看会对短期经济增长产生负面影响,然而对造成经济增长迟缓的具体渠道却未给予详尽表述。另一种研究倾向于关注自然灾害风险对经济增长的效应是不是有传递性以及永久持续。Noy 与 Nualsri(2007)等通过将各国灾害数据标准化,进一步探讨了自然灾害风险的长期趋势以及自然灾害对经济增长的长期影响。

1.2.3 海洋综合管理理论

1.海洋综合管理的由来

早在 20 世纪 30 年代,美国就酝酿对延伸到大陆架外部边缘的海洋空间和海洋资源区域采用综合管理的方法以统筹考虑其开发利用问题。可是,由于当时缺少令人信服的理由和美国在海洋权益上有关主张的限制,而被否定。到了 70 年代末,国家与国际海洋事务发生了重大变化,海洋价值观改变,海洋开发利用迅速发展,海洋经济在国民经济中的比例上升,与此同时也发生了近海资源衰退、水质恶化和灾害频繁等一系列的负面问题,严重地威胁未来海洋可持续利用的前景。在此背景下,海洋综合管理重新被提出。各国发现分散的海洋行业管理不可能解决海洋的整体和全局性问题,而海洋无论是区域还是全球都是一个统一的整体,不仅海洋资源、空间和环境是统一的,而且各类海洋资源在空间上还是复合的,于是认为海洋的管理仅仅靠分散的行业管理是不可能有效的,势必在客观上存在一种符合海洋和海洋事业需要的管理形态,这就是海洋综合管理。

2.海洋综合管理的概念

海洋管理(marine management)是指沿海国家对其管辖海域的自然环境、海洋资源、海洋设施和海上活动,采用法律、行政、经济和科技等手段进行的指导、协调、监督、干预和限制等活动。按其属性可分为海洋综合管理和海洋行业管理两个方面。

海洋综合管理(marine integrated management)是指国家通过各级政府对其管辖海域内的资源、环境和权益等进行的全面的、统筹协调的监控活动。按其管理的内容可以分为海洋权益管理、海洋资源管理和海洋环境管理三个方面;按其管理的区域又可以分为海域管理、海岸带管理和海岛管理三个方面。

海洋行业管理(marine trades management)是指涉海行业部门对其所管辖的海洋资源开发利用或环境保护等进行的计划、组织和控制活动。

海洋权益管理(management of marine rights and interests)是指国家根据国际和国内的海洋法律、法规以及国际惯例,运用政治、经济、军事等力量来维护本国管辖海域的主权和利益的全部活动。

海洋资源管理(management of marine resources)是指国家对其管辖海域内的资源开发利用、保护等进行的组织、指导、协调、控制、监督和干预等活动。按其资源的属性可以分为海洋生物资源管理、海底矿产资源管理、海水资源管理、海洋旅游资源管理、海洋港口资源管理、海洋能资源管理等。按其管理的方式又可以分为海域使用管理、海域勘界管理等。

海洋环境管理(marine environmental management)是指政府为维持海洋环境的良好状态,运用行政、法律、经济和科技等手段,防止、减轻和控制海洋环境破坏、损害或退化的行政行为。按其管理的对象可以分为海洋自然保护区管理、海洋倾废管理、海洋污染源管理、海洋工程污染损害管理、船舶污染海域管理等。

中国海洋管理(China marine management)是指中国政府为了维护海洋管辖权,保护海洋资源和环境,对各种海洋开发活动所进行的指导、协调、监督、干预和限制等活动。它包括海洋综合管理和海洋行业管理两个方面。

3.海洋综合管理的内涵

根据已有的研究成果和长期海洋管理的经验总结,特别是我国自 1989 年以来实施海洋综合管理的经验,对海洋综合管理的概念可以归纳为:它是海洋管理的一种类型,属高层次的海洋管理方式。海洋综合管理以国家海洋整体利益为目标,通过战略、政策、规划、区划、立法、执法、协调和监督等行为,对国家管辖海域的空间、环境及权益,在统一管理与分部门和分级管理的体制下,实施的统筹协调管理。其目的是提高海洋开发利用的系统功能,促进海洋经济的健康发展,保护海洋生态环境,维持海洋的可持续利用。简而言之,海洋综合管理是国家通过各级政府对管辖海域的空间、资源、环境和权益等进行的全面的、统筹协调的管理活动。

海洋综合管理的概念包括以下四个方面的基本内容。

(1)海洋综合管理是海洋范围内的一种管理类型。在海洋管理类型的系统分类中,就其大类可以归为三种基本类型:一为海洋综合管理,二为海洋行业管理,三为海洋区域管理。这三个类型各有其客观的价值,既有区别也有联系,其中海洋综合管理相对其他两类管理处于统筹协调的较高层位上。海洋行业管理和海洋区域管理均只包括某一具体对象的特定管理领域,或者只包括某一局部的海区。与此不同,海洋综合管理却涵盖国家全部管辖海域及其邻接的有关公海区域的空间、资源、环境和权益的整体,它不仅包括行业管理与区域管理的对象,而且还包括公海区域的国家利益的维护。因此,它是国家海洋管理的主体,是海洋管理的新发展。

(2)海洋综合管理的根本目标在于海洋经济的协调发展和海洋的可持续利用。除了个别的、完全封闭的海域外,全球的海洋是统一的、不可阻隔的。同时,海洋又是一个资源的复合体。由此便决定了任何一种海洋资源的开发活动,既无法避免对其他资源的直接或间接影响,也无法避免对海洋环境的冲击或危害。海洋是人类持续发展战略的主要支持领域,为确保海洋的战略地位,不因今天的不合理开发利用而造成资源与环境破坏,并产生难以消除的后果,人类必须立足于海洋资源与环境统一管理,按照海洋各个区域的客观功能做好生产力布局,安排好区域内部生产结构,协调好开发与环境的关系,维持海洋生态环境平衡,达到不断提高海洋开发利用的系统功效和海洋可持续利用的目标。这个目标只有采用能够超越行业、部门、短期、局部管理制约和局限的海洋综合管理,从国家沿海地区海洋整体、全局、根本、长远利益出发,通过战略、政策、法律、制度、区划、规划、监督、协调等宏观调控手段才能实现。

（3）国家海洋工作的基础设施和海上公益服务系统，必须由海洋综合管理部门统筹兼顾，立足社会整体需要进行规划、建设和管理。现代海洋事业已经形成一个庞大的、综合性的、立体性的事业。海上的开发利用不仅技术密集，投资较大，而且需要一系列的配套和保障条件，例如海洋调查船系统、各种试验设施、通信导航系统、海洋预报系统、海洋信息服务系统、海洋监测与监视系统、评价论证系统等。没有这些保障系统，海上作业的实施与安全问题是难以解决的。另外，海上公益服务系统的最大特点是其保障服务的广泛性，虽然海洋工作涉及众多行业部门，但没有必要分别设置这些系统，若此，对企业、对部门、对国家都是不经济、不合理的。按照沿海国家的惯例做法和客观需要，海洋公共基础设施与公益服务系统一般都由国家海洋综合管理部门统一规划进行建设、管理，面向全国开展全方位的服务。

（4）海洋综合管理的内容还包括对国家管辖海域之外的公海区域国家利益的维护和取得。根据《联合国海洋法公约》，全球海洋除划归沿海国家管辖海域外，其余大部分公海区域是"人类的共同继承财产"，不论沿海国家还是内地国家均享有其空间与资源合理利用的权利，当然也有维护其资源与环境的义务。国家公海权益的维护和取得亦应是海洋综合管理的基本内容之一。

为了加深对海洋综合管理的认识，还可以从以下不同的角度来进一步分析。海洋综合管理是用综合的观点、综合的方法对海洋资源开发、海洋权益维护、海洋环境和生态的保护进行管理的过程。

这里强调的"综合"包括以下几个方面。

①部门间的综合（处理水平关系）。涉海开发部门很多，由于各部门都从自身需要和利益出发来进行开发利用，部门间在争资源、占空间等方面的矛盾必然加剧。为了充分发挥海洋整体效益，海洋综合管理部门就要协调处理好各部门之间的关系。在这里只有综合管理部门才能站在公正、客观的立场来权衡利弊得失，做出科学、合理的决策。

②政府间的综合（处理垂直关系）。国家、省、县级政府，虽然都是政府机构，但由于各自管辖区域不同、资源状况不同、公众需求不同、所处的位置不同、发挥的作用不同，决定了它们之间的利害关系也不完全一致，也会产生冲突和矛盾。为了处理好它们之间的关系，也需要综合管理部门来协调。

③区域的综合（陆地与海洋的综合）。海洋管理的范畴既包括海洋，也包括海岸带。海岸带处在海陆的过渡带，既有一定的陆地，又有一定的海域，这两个区域既有

联系,又有区别。在这两个区域,资源类型、丰度不同,开发、管理的部门不同,适用的法律、法规不同,这些都会产生一些矛盾和问题,需要进行综合协调。

④科学的综合(科学家与管理人员的综合)。海洋综合管理实际上是科学工作者与决策者之间的综合。科学工作者由于所从事的学科不同,对同一问题的观察、分析角度不同,采用的方法不同,会得出不同的结果,他们之间也会产生矛盾。科学工作者与决策者之间,由于所处的位置不同,承担的任务不同,看问题的角度不同,相互之间也会产生一些矛盾,需要进行综合协调。

⑤发展与保护的综合。人类要生存,社会要发展,需要开发利用海洋资源,适度的开发可使资源和环境处在良性循环之中,但超过这个限度就会出现资源枯竭,导致环境和生态恶化。为了永续利用海洋资源,就需要在开发的同时注意保护,使之不受破坏,保持良好的海洋环境和生态,这就是海洋综合管理的目的。

⑥全球海洋的统一性需要沿海国家间的合作。海水的流动性、海洋生物的洄游性、海洋灾害的广泛性,决定了海洋在某些方面是没有国界的,需要国家与国家间密切合作,加强协作,共同开展科学研究,共同保护海洋资源,共同治理海洋污染,共同监测、预报海洋灾害。这种国家间的合作就是一种综合的过程。

1.2.4 海洋灾害应急预案

为全面落实科学发展观,构建社会主义和谐社会,提高政府处置突发公共事件和保障公共安全的能力,国家于2003年开始有计划、有步骤地组织编制国家突发公共事件总体应急预案。根据突发公共事件的发生过程、性质和机理,突发公共事件分为自然灾害类、事故灾难类、公共卫生事件类和社会安全事件类。至2005年,国家已编制完成了106个应急预案,包括1个总体应急预案、25个专项预案、80个部门预案。

海洋灾害应急预案是指导海洋灾害应急监测预警的纲领性文件。海洋灾害应急预案主要内容包括工作原则、应急组织体系和职责、预警预防机制、应急响应程序、后期处理、保障措施等内容,对海洋灾害的监测监视、预测预警、等级标准、发布程序、应急响应、应急处置、调查评估等做出了明确的规定,形成了包括事前、事发、事中、事后等各个环节的一整套工作运行机制。海洋灾害应急预案着重强调的是监测监视、预测预警和灾害信息发布机制的完善,对可能发生和可以预警的重大海洋灾害做到早发现、早报告、早预警、早处置。

海洋灾害应急预案是国家层面的部门应急预案,分为自然灾害类应急预案和事故灾难类应急预案。其中,《风暴潮、海浪、海啸和海冰灾害应急预案》和《赤潮灾害应急预案》属于自然灾害类应急预案,《海洋石油勘探海上溢油事故应急预案》属于事故灾难类应急预案。《风暴潮、海浪、海啸和海冰灾害应急预案》《赤潮灾害应急预案》《海洋石油勘探海上溢油事故应急预案》作为国家部门应急预案于2005年颁布,随后根据需要不定期进行修订。

参考文献

[1]郭琨,艾万铸.海洋工作者手册[M].北京:海洋出版社,2016.

[2]孙云潭.中国海洋灾害应急管理研究[D].青岛:中国海洋大学,2010.

[3]国务院办公厅.我国海洋灾害的基本特点和规律[EB/OL].(2006-08-05)[2023-05-31].http://www.gov.cn/ztzl/content_355095.htm.

[4]孙云潭.中国海洋灾害应急管理研究[M].青岛:中国海洋大学出版社,2010.

[5]计雷,池宏,陈安,等.突发事件应急管理[M].北京:高等教育出版社,2006.

[6]薛澜,张强,钟开斌.危机管理:转型期中国面临的挑战[M].北京:清华大学出版社,2003.

[7]王宁,王延章.应急管理体系及其业务流程研究[J].公共管理学报,2007,4(2):94-99.

[8]中国行政管理学会课题组.建设完整规范的政府应急管理框架[R].中国行政管理,2004,4:8-11.

[9]GARRETT T A,SOBEL R S.The political economy of FEMA disaster payments[J].Economic Inquiry,2003,41(3),496-509.

[10]RADDATZ C.Are external shocks responsible for the instability of output in low-income countries? [J].Journal of Development Economics,2007,84(1):155-187.

[11]LOAYZA N,OLABERRIA E,RIGOLINI J,et al. Natural disasters and growth-going beyond the averages[C]//World Bank Policy Research Working Paper 4980.Washington,DC,United States:The World Bank,2009.

[12]张楠楠.自然灾害风险管理研究[M].北京:中国商业出版社,2010.

[13]鹿守本.海洋综合管理及其基本任务[J].海洋开发与管理,1998(3):4.

第二章

风暴潮灾害与应急管理

2.1 风暴潮概述

2.1.1 概念

风暴潮是一种灾害性的自然现象,是指强烈的大气扰动,如强风、台风、温带气旋等引起的急速的海面异常变化,在海岸的部分地段造成显著的向岸增水或离岸减水,通常为天文潮、风暴潮、(地震)海啸及其他长波振动引起海面变化。

简而言之,风暴潮是指由于强烈的大气扰动(强风和气压骤变)引起的海面异常升高现象。它具有数小时至数天的周期,叠加在正常潮位之上。而风浪、涌浪具有数秒或十几秒的周期,叠加在前两者之上。由这三者的结合引起的沿岸涨水,常常酿成灾害,通常称为风暴潮灾害或潮灾。风暴潮也称为"风暴增水"或"风暴减水"。当风暴潮恰好与天文高潮相叠加,加之风暴潮本身往往夹着狂风恶浪而至,溯江河洪水而上,常常使其影响所及的滨海区域潮水暴涨,甚者海潮可能冲毁海堤海塘、吞噬码头、工厂、城镇和村庄,从而酿成巨大灾难。但是,有时也能遇到相反的情况,背离开阔海岸方向的大风长时间吹刮,致使岸边水位急剧下降,暴露出大片海滩,严重影响舰船,特别是大型船舶的正常航行和锚泊。通常称这种海面异常下降现象为"负风暴潮"。

2.1.2 风暴潮的分类和等级

根据风暴的性质,通常可分为由温带气旋引起的温带风暴潮和由台风引起的台风风暴潮两大类。

1.风暴潮的分类

(1)温带风暴潮

多发生于春秋季节,夏季也时有发生。其特点是:增水过程比较平缓,增水高度低于台风风暴潮。主要发生在中纬度沿海地区,以欧洲北海沿岸、美国东海岸以及我国北方海区沿岸为多。

(2)台风风暴潮

多见于夏秋季节。其特点是:来势猛,速度快,强度大,破坏力强。凡是有台风影响的海洋国家、沿海地区均有台风风暴潮发生。

2.风暴潮的分级

我国《风暴潮等级》(GB/T 39418—2020)遵循科学性、合理性和适用性的原则,按照风暴潮强度等级、高潮位超警戒程度等级和风暴潮灾度等级对风暴潮进行等级划分。

(1)风暴潮强度等级

依据最大风暴增水的大小将风暴潮强度分为特强、强、较强、中等和一般五个等级,分别对应Ⅰ、Ⅱ、Ⅲ、Ⅳ和Ⅴ级,见表2-1。

表 2-1　风暴潮强度等级

等级	Ⅰ(特强)	Ⅱ(强)	Ⅲ(较强)	Ⅳ(中等)	Ⅴ(一般)
最大风暴增水 h_s/cm	$h_s > 250$	$200 < h_s \leqslant 250$	$150 < h_s \leqslant 200$	$100 < h_s \leqslant 150$	$50 < h_s \leqslant 100$

(2)高潮位超警戒程度等级

验潮站当使用的警戒潮位值为单一值时,依据最大高潮位超过当地警戒潮位值的量值将高潮位超警戒程度分为特别严重、严重、较重和一般四个等级,分别对应Ⅰ、Ⅱ、Ⅲ和Ⅳ级,见表2-2。

表 2-2　警戒潮位值为单一值时高潮位超警戒程度等级

等级	Ⅰ（特别严重）	Ⅱ（严重）	Ⅲ（较重）	Ⅳ（一般）
最大高潮位超警戒潮位值 h_w/cm	$h_w \geqslant 150$	$80 \leqslant h_w < 150$	$30 \leqslant h_w < 80$	$0 \leqslant h_w < 30$

　　验潮站当使用的警戒潮位值为蓝色警戒潮位、黄色警戒潮位、橙色警戒潮位、红色警戒潮位 4 值时，依据最大高潮位达到或超过的警戒潮位等级，将高潮位超警戒程度分为特别严重、严重、较重和一般四个等级，分别对应Ⅰ、Ⅱ、Ⅲ和Ⅳ级，见表 2-3。代表站的核定四色警戒潮位无黄色警戒潮位值的，无等级Ⅳ；无橙色警戒潮位值的，无等级Ⅲ。

表 2-3　警戒潮位值为四值时高潮位超警戒程度等级

等级	Ⅰ（特别严重）	Ⅱ（严重）	Ⅲ（较重）	Ⅳ（一般）
最大高潮位值	超过红色警戒潮位值 70 cm 及以上	达到或超过红色警戒潮位值，且超过值小于 70 cm	达到或超过橙色警戒潮位值，未达到红色警戒潮位值	达到或超过黄色警戒潮位值，未达到橙色警戒潮位值

（3）风暴潮灾度等级

　　风暴潮灾度计算中，依据代表性验潮站达到的风暴潮强度等级和高潮位超警戒程度等级进行计算，由式（1）计算：

$$H_d = I_s \times 0.4 + I_w \times 0.6 \tag{1}$$

式中，H_d——风暴潮灾度；

　　　I_s——风暴潮强度等级值数；

　　　I_w——高潮位超警戒程度等级值数。

　　依据计算结果将风暴潮灾度分为特别严重、严重、较重和一般四个等级，分别对应Ⅰ、Ⅱ、Ⅲ和Ⅳ级，见表 2-4。

表 2-4　风暴潮灾度等级

等级	Ⅰ（特别严重）	Ⅱ（严重）	Ⅲ（较重）	Ⅳ（一般）
灾度 H_d	$H_d \geqslant 81$	$57 \leqslant H_d < 81$	$33 \leqslant H_d < 57$	$0 \leqslant H_d < 33$

2.1.3 风暴潮的诱因和影响因素

1.风暴潮的诱因

(1)热带(台风)风暴的形成条件

热带风暴潮的形成条件受四个因素的影响:洋面、流场、地转偏向力、风的垂直切变。只有当四个因素都满足条件才会形成热带风暴潮。

高温洋面:台风的形成并不容易,首先需要巨大的能量,没有能量根本不可能产生破坏,这些能量是通过水蒸气凝结产生的热量。在热带区域,海洋的洋面温度很高,所以水蒸气产生能量的速度也很快,这样的环境使得洋面具备高温高湿的特点。

流场适合:环流条件对于台风风暴潮的形成很重要,如果条件合适就会起到空气扰动的作用,使气流辐合上升。

地转偏向力适宜:当气流进行流动的时候一定要有地转偏向力存在,如果地转偏向力的数值达不到,那么台风就无法生成。

风的垂直切变小:由于地转偏向力,辐合上升气流会演变成气旋性涡旋。风的垂直切变小,空气涡旋越来越强,最终发展为热带风暴或台风。

(2)温带风暴潮的形成条件

温带风暴潮是温带气旋导致的海潮现象。

温带气旋即锋面气旋,不管是哪个季节都会存在,尤其是春秋两季。温带气旋移动增强使得地面的低压产生,因此海湾会一直有向岸的大风,风力极强且会生成风生洋流,若与天文大潮叠加,温带风暴潮应运而生,造成巨大的破坏。

2.风暴潮产生的影响因素

影响风暴潮产生的因素主要有三个:强烈的风、有利地形、天文大潮配合。

强烈的风:一般来说由台风引起的风暴潮较多,温带气旋引起的风暴潮也是比较常见的。虽然温带气旋风力不如台风强,但其影响范围却更大。

有利地形:风暴潮灾害的产生与海岸区域的位置、形状、地形等因素有着密切联系。比如有的海滩像喇叭口状,一般来说这种地形受到风暴潮灾害更为严重。

天文大潮配合:风暴潮灾害的严重程度,主要受到风暴增水的多少和所属海域天文大潮高潮位的相互影响。假如天文大潮涨潮很高,那么风暴潮就会借势使侵袭范围扩散得更加广阔,造成的危害也会更加巨大。

2.1.4 风暴潮的危害

风暴潮会损毁海岸工程,同时造成轮船碰撞、搁浅或沉没,几千吨重的船如果被推托上岸后就会很容易造成废弃;浪潮会影响滩涂和海边的养殖区,破坏鱼、虾、贝类、海带等的水产养殖以及盐业生产;潮水如果漫上堤岸,淹没房舍和农田,会造成更多的财物损失;高盐度的海水会腐蚀生产生活资料,使得土地盐碱化、粮食失收、果树枯死、耕地退化、污染淡水资源等;风暴潮还可能深入内陆,造成大江大河的流域性大洪水和山洪、滑坡、泥石流等灾害,从而造成巨大经济损失和人员伤亡。

2.2 我国风暴潮灾害总体情况

我国风暴潮,从南到北均有发生,几乎遍及我国沿海,成灾率较高。据统计1949—1998 年的 50 年间,我国共发生最大增水 1 m 以上的台风风暴潮 270 次,最大增水 2 m 以上的严重风暴潮 48 次和最大增水 3 m 以上的特大风暴潮 15 次,其中造成显著灾害损失的共计 112 次,平均每年 2.24 次。渤海、黄海沿岸 1950—1990 年共发生最大增水超过 1 m 的温带风暴潮 521 次,其中超过 2 m 的 27 次,超过 3 m 的 3次。造成严重潮灾 4 次,较大潮灾 6 次,轻度潮灾 61 次。

值得注意的是,随着全球气候变暖,极端天气事件不断发生,风暴潮灾害的发生频率和强度进一步加剧,危害范围扩大,造成的损失和影响程度加重。20 世纪 90 年代,我国沿海先后发生了 3 次特大风暴潮。其中“9216”和“9711”特大风暴潮先后袭击了我国沿海 6 省 2 市(福建、浙江、江苏、山东、河北、辽宁、上海、天津),“9417”特大风暴潮袭击了福建至浙江沿海,造成巨大经济损失。2001—2005 年期间,我国共发生风暴潮灾害 67 次;死亡(含失踪)377 人,占同期全部海洋灾害死亡(含失踪)人数的 32%;造成直接经济损失 610.82 亿元,占同期全部海洋灾害损失的 96%。

我国风暴潮灾害的分布几乎遍布各沿海地区,其中,渤海、黄海沿岸主要以温带风暴潮灾害为主,偶有台风风暴潮灾害发生;东海、南海沿岸则主要是台风风暴潮灾害,偶有温带风暴潮灾害发生。资料统计表明,风暴潮灾害的多发区主要出现于如下岸段:渤海湾至莱州湾沿岸(以温带风暴潮灾害为主)、江苏南部沿海至浙江北部(主要是长江口、杭州湾)、浙江温州至福建闽江口、广东省汕头至珠江口、雷州半岛东岸至海南省东北部。

2.2.1 我国风暴潮灾害的时空分布

1.时间分布

风暴潮灾害具有明显的季节变化,台风风暴潮灾害的季节变化与热带风暴的季节变化密切相关。研究结果表明,我国热带风暴一年四季均有发生,但以 7—10 月份为盛季,其中 8—9 月份最多,约占全年的 40%;登陆我国沿海的热带风暴也多集中在 7—9 月份。风暴潮灾害主要发生在 7—9 月份,其中,9 月份风暴潮灾害发生最为频繁,其次为 7—8 月份,这三个月发生的潮灾占全年潮灾的 74%。春秋季节期间由于冷暖空气频繁活动在渤海、黄海海域,温带风暴潮潮灾也大都发生在这两个季节。根据 1949—2002 年温带风暴潮灾害资料统计,1 m 以上温带风暴潮有 55 次发生在 4 月份,其中有 9 次出现在清明节(4 月 5 日)前后。新中国成立后 8 次较严重的温带风暴潮灾,有 4 次发生在 4 月份,4 次发生在 10 月份。因此,春季 4 月份和秋季 10 月份是沿海温带风暴潮的多发期。

统计表明,我国近十年的风暴潮灾害主要出现在夏季和秋季,灾害类型以台风风暴潮灾害为主,温带风暴潮灾害较少(图 2-1)。从中可以看出,2010—2021 年间,我国沿海地区发生台风风暴潮灾害主要集中在 6—10 月,约占风暴潮灾害总次数的99%;温带风暴潮灾害主要集中在秋季,9—11 月所发生的风暴潮灾害约占温带风暴潮灾害总次数的 50%。

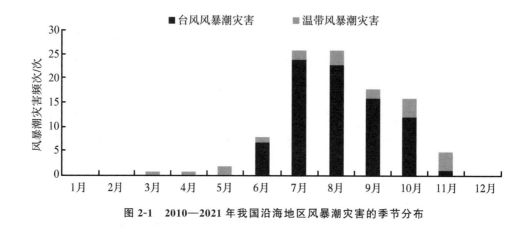

图 2-1　2010—2021 年我国沿海地区风暴潮灾害的季节分布

2010—2021 年,我国沿海地区的风暴潮灾害共发生 103 次,其中台风风暴潮灾害次数 83 次,占风暴潮灾害总次数的 80.6％,而温带风暴潮灾害次数占风暴潮灾害总次数的 19.4％。台风风暴潮灾害主要发生在 2010 年、2012 年、2013 年、2016 年、2017 年和 2018 年,这几年台风风暴潮灾害发生次数占近 12 年来总次数的 60.2％;温带风暴潮灾害主要发生在 2013—2018 年,这几年温带风暴潮灾害发生次数占 12 年来总次数的 70％(图 2-2)。

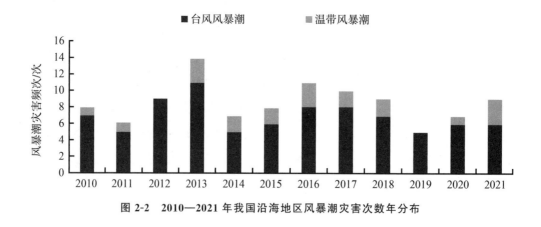

图 2-2　2010—2021 年我国沿海地区风暴潮灾害次数年分布

2.空间分布

我国拥有 18000 多公里的大陆海岸线,沿海 11 个省市不同程度地遭受海洋灾害的影响,其中风暴潮灾害造成的损失最为严重。根据 2010—2021 年风暴潮灾害的受灾地区,将沿海省市遭受风暴潮灾害的次数汇总以分析风暴潮灾害的空间分布。

从图 2-3 可以看出,2010—2021 年,我国沿海风暴潮受灾地区分布存在较大的差异。台风风暴潮灾害主要分布在长江以南地区,其中福建、广东、浙江、广西受灾次数较多;而温带风暴潮灾害主要分布在长江以北地区,其中山东的受灾次数最多。

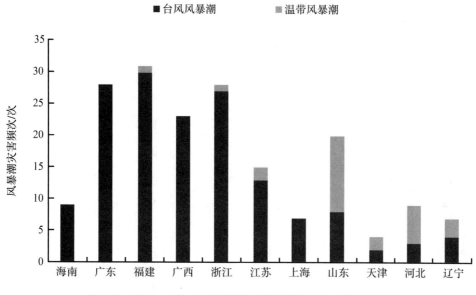

图 2-3　2010—2021 年我国沿海地区风暴潮灾害次数空间分布

2.2.2 我国风暴潮灾害的损失统计

在我国历史上,由风暴潮造成的人民生命财产损失触目惊心。风暴潮引起的增水不但危及海岸,还可直接由海岸向陆地深入 70 多千米造成灾害。历史上我国沿海地区发生的特大海洋灾害多由风暴潮引起。1922 年 8 月 2 日,一次风暴潮袭击了汕头地区,造成 7 万余人丧生,村庄多被淹没,更多的人流离失所,流行性病蔓延。这是 20 世纪我国死亡人数最多的一次风暴潮灾害。中华人民共和国成立以后,我国也多次遭受风暴潮袭击,造成巨大经济损失和人员伤亡。1992 年 8 月底 9 月初,我国东部沿海发生了 1949 年以来影响范围最广、损失最严重的一次风暴潮灾害。潮灾先后波及福建以北至辽宁 6 省 2 市(福建、浙江、江苏、山东、河北、辽宁省和上海、天津市),受灾人口达 2000 多万,直接经济损失达 92.55 亿元。1989—1998 年,风暴潮的直接经济失高达 1200 多亿元,严重年份达 270 亿元。2001—2005 期间,我国共发生风暴潮灾害 67 次,死亡(含失踪)377 人,占同期全部海洋灾害死亡(含失踪)人数的 32%,造成直接经济损失 610.82 亿元,占同期全部海洋灾害损失的 96%。因此,国际防御与减轻自然灾害协会主席依尔-沙伯认为,风暴潮居海洋灾害之首,它和洪水灾害一样,也是中华民族的心腹之患。

统计表明,2010—2021 年,我国风暴潮灾害造成的直接经济损失 898.67 亿元,死亡(含失踪)38 人。其中,2012 年、2013 年、2014 年和 2019 年的风暴潮灾害造成的直接经济损失较多,合计 532.41 亿元,占 2010—2021 年风暴潮灾害直接经济损失的 59.2%(见图 2-4)。

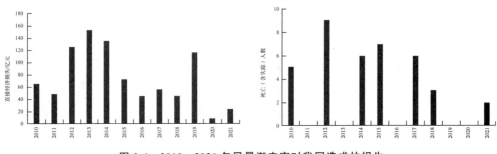

图 2-4　2010—2021 年风暴潮灾害对我国造成的损失

从 2010 年至 2021 年我国各省市受风暴潮灾害情况看,灾害损失从北向南呈空间增长分布,在南部沿海地区达到峰值(图 2-5)。累计直接经济损失最多的三个省分别是广东省、浙江省和福建省,累计经济损失分别为 311.43 亿元、197.45 亿元和 151.72 亿元,占累计总经济损失的 34.7%、22.0% 和 16.9%;广东省死亡(含失踪)人口最多,达到 25 人,占累计总死亡(含失踪)人口的 65.8%。

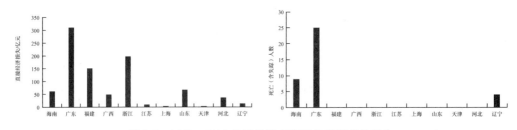

图 2-5　2010—2021 年风暴潮灾害对各省造成的损失

2.3 风暴潮灾害与应急管理技术

2.3.1 风暴潮灾害数值预报技术

风暴潮预报方法分为两大类：经验预报方法和数据方法。前者是建立风暴潮位与气象因素（如海面气压、盛行风风力和风向）的相关关系，这类方法因需要有足够长时间的系统观测资料而受到限制。后者包括诺谟图方法和数值预报方法。随着现代计算机的普及，世界各国正在采用后一类方法进行风暴潮预报。它是在给定的气压场、风场（由气数值预报实现）作用下，在合理的边界条件和初始条件下数值求解风暴潮的基本方程组，从而给出整个计算域的风暴潮位时空分布，其中包括最具有实际预报意义的岸边风暴潮位及其分布。此类方法的精度高于风场预报的精度。

风暴潮数值计算是在 20 世纪 50 年代开始发展起来的，最开始是用手工进行积分计算，而后采用电子计算机计算。到 70 年代，随着探测技术的进步和电子计算机的发展，科研学者有条件进行复杂的风暴潮模式实验，风暴潮数值实验开始飞速地发展。20 世纪 90 年代，风暴潮和天文潮耦合的二维数值模型成为风暴潮业务预报的主要手段，同时风暴潮三维水流数值模型也发展迅速。

瑞典著名海洋学家 Pierre Welander 曾经说过："从科学的观点看来，风暴潮问题显然很有意义，这将吸引气象学家和海洋学家对此进行深入的研究，看来能从数值预报经验更多地了解海气相互作用。对真实的海气系统机制获得更好的理解，并对数值实验模式取得更好的认识之后，我们必定能发展一种能用于警报服务的准确预报方法。这个问题的解决，对于努力减少风暴潮造成的生命财产损失，将是一种重大的贡献。"

2.3.2 风暴潮灾害防治与海堤建设

近年来,随着海岸环境科学的进步、多学科交叉研究的进展、工程实践经验的日益丰富以及分析预测技术的不断发展,海岸工程规划设计方法和技术均取得了较大的进展,为我国加强海堤建设和提高抵御风暴潮灾害的能力奠定了基础。为抵御风暴潮灾害的影响,我国积极开展风暴潮灾害防治工作。国家防总和水利部完成了《全国防洪规划》《中国沿海地区防风暴潮规划》,提出了重点海堤工程建设、生物防浪工程建设等工程措施;在非工程措施建设方面开展预报预警系统、防洪保险制度和有关政策的研究和制定,提高了沿海地区抵御风暴潮灾害的整体能力。沿海一些地方结合实际,开展了卓有成效的防御风暴潮灾害工作。

海堤工程是防御风暴潮水侵袭,减轻风暴潮水灾害的重要工程措施。新中国成立以来,沿海各地区都非常重视海堤工程建设,对防御风暴潮灾害起了巨大的作用,我国在充分吸取专家意见和建议的基础上,发挥多方面专家协同作战的优势,编制了《海堤工程设计规范》等一系列国家标准。但风暴潮灾害防治是一项综合性的工程,涉及基础研究、工程建设、非工程措施、政府管理等各个方面,不可能单独依靠某一项措施来解决全部问题。

2.3.3 风暴潮灾害损失评估技术

国内外对风暴潮灾害损失评估的研究开始时间较晚且研究很少。美国在1992年首次将SLOSH(sea, lake and overland surges from hurricanes)模型运用在估算风暴潮灾害损失中,通过地理信息系统为模型输入水深资料和地面数字高程资料,确定风暴潮灾害风险区,从而估算出风暴潮损失。国际气候变化组织IPCC(Intergovernmental Panel on Climate Change,IPCC)在1997年提出七步式脆弱性评价方法,从社会经济损失、生态系统损失以及文化和历史遗产损失等五个方面建立评估指标体系。进入21世纪,一些研究者在借鉴静态投入产出模型、对比分析投入产出模型、可计算一般均衡模型、社会核算矩阵以及数学规划等灾害损失评估模型基础上研究灾害损失对短期宏观经济的影响,并评估对关联部门及关联区域的间接损失。

国内对灾害损失的研究始于对灾害损失的界定。马宗晋等提出灾害损失包括经济损失和非经济损失,其中经济损失又可划分为直接经济损失和间接经济损失,非经济损失主要包括人员伤亡。赵阿兴等认为灾害损失还应包括灾害事件发生后的救灾和灾区恢复的经济投入部分。黄渝祥等,以及徐嵩龄、吴吉东等尝试对间接经济损失进行界定。许飞琼从系统论角度出发,提出灾害损失评估是一个系统,由灾害损失评估数据库系统、灾害损失评估指标系统及灾害损失评估模型系统三大主体构成。

国内针对风暴潮损失评估模型方法的研究较少,但可借鉴台风灾害损失的评估方法。广泛使用的方法有经验系数法、模糊数学法、模糊聚类分析方法、Elman 神经网络方法、BP 神经网络方法、投入产出模型和可计算一般均衡模型等。以风暴潮损失评估为对象的研究者主要有纪燕新、郑宗生等。殷克东等运用模糊综合评判方法、聚类分析方法、主客观综合分析法、层次分析法、熵值法、解释结构模型和主成分模型,对风暴潮灾害损失评估指标体系进行研究。

2.4　我国风暴潮灾害应急案例分析

2.4.1 事件回放

2007 年 3 月 3 日至 5 日,受冷空气和黄海气旋共同影响,渤海出现 1969 年以来最强的一次温带风暴潮,严重威胁渤海湾、莱州湾及附近区域海上生产作业。相关地方和部门根据紧急通知要求,加强监测预警工作,启动应急预案,落实各项防灾措施,切实加强应对风暴潮工作的组织领导,成功组织救援,将灾害损失降到最低,取得了防抗此次极端性突发天气事件的全面胜利。

2.4.2 应急管理过程

2007 年 3 月 3 日，国家海洋环境预报中心发布风暴潮、海浪Ⅰ级紧急警报（红色），交通部在 3 月 2 日发出水上安全预警通知的基础上，对环渤海各省市海上搜救中心及交通系统有关单位进行检查，并于 3 月 3 日晚 11 点又连夜向所有有关的交通主管部门、海事搜救部门和港航单位下发了《关于做好防抗温带风暴潮确保水上安全的通知》，要求各相关单位加强值班与领导带班，将防抗此次风暴潮措施落到实处；加强与海洋、气象等部门的联系，密切关注温带风暴潮的动态，及时启动应急预案，加固吊机等高大机械设备，转移和妥善保存港内重要物资；海事部门周密部署船舶避风，各海岸电台、话台及 VTS 中心要加强值守，准确发布预防预警信息；渤海及黄海北部所有船舶特别是客船、客滚船、客渡船要立即就近进港避风，海上施工船舶要立即停止作业，回港避风；港口企业要停止作业，及时指示船舶采取安全措施。

各海事局接到上级指示后，立即启动应急预案，按照应急预案要求部署相关工作。辽宁海事局领导要求营口、大连、丹东、锦州、葫芦岛海事局和庄河海事处主管领导立即赶到岗位。清点辖区船舶，落实防抗措施；各海事处和监管站点迅速将风暴潮的有关信息传达到每条在港船舶，要求各船做好防抗准备；疏散船舶，特别是油船、液化气船等重点船舶要离港到锚地抗风防潮；通知各港口部门做好大型港口设施的抗风防潮工作；通过海上通信设备和船舶交管系统，向在海上航行的船舶不间断地播发大风警报和航行警告；通知辽宁省海上搜救中心成员单位，做好抢险救援准备工作。

天津海事局落实工作部署，立即启动一级响应应急预案。一是迅即向天津市各海上搜救成员单位发布气象预警信息，要求各成员单位启动应急预案，保持 24 小时应急值班，飞机、船舶、医疗等搜救力量处于待命状态。二是要求港口作业单位在大风来临前停止所有海上施工作业，并制定人员撤离方案，保证人员安全。三是要求中海石油公司采取安全措施，保证在渤海水域作业的船舶、海上设施、人员的安全，对风暴潮中心地区的船舶和海上平台人员及时疏散，并停止大型作业。四是通过天津渔港监督局要求天津辖区所有渔船回港避风。五是要求各代理公司及时将信息传递到每个船公司和船舶。六是与海洋、气象局保持联系,随时跟踪、分析风暴潮动态,及时调整抗风暴潮方案。

局属各单位也高度重视,加强值班和领导带班,积极采取措施,落实到船,责任到人,不放过每一个安全隐患,将局部署和要求落到实处。VTS中心自3月3日19时0分对天津港实施封航,禁止船舶进出港和移泊,确保在港船舶安全;整时发布预警信息,要求船舶落实防抗措施;对锚地抛锚船舶提前进行梳理,发出锚泊建议,严控船舶间距。巡查执法支队增加巡逻船舶值班人员,巡逻船舶24小时备车待命;通告要求辖区各施工单位积极做好预防工作,并对施工作业船舶落实安全措施,进行监督检查。各海事处采取多种方式,将预防预警信息通知到辖区每一艘船舶;对签证船舶进行安全提示,加强港区码头现场巡视,做好随时应对突发事件的准备。

通信信息中心加强通信值守与安全信息播发工作,准确提供风暴潮预报;增加人员,快速处理各类航行警告,缩短特殊性质航行警告播发间隔,并对过往船舶进行提示。各航标处启动应急预案,提前做好各类导助航设施的维护巡检,加强值班,确保各类助航设施正常发光、发讯。

河北海事局领导要求黄骅海事局、唐山海事局、秦皇岛海事局、曹妃甸海事处4个分支机构的主要领导立即赶到值班室,与河北海事局值班室保持24小时联系。到码头现场施工船舶集中地巡视、查看,随时了解风、浪、潮情况,适时采取应对措施;每小时向值班中心报告一次当地实时风力、风向和潮汐情况;向当地政府和港口各作业部门通报风暴潮情况,要求船舶停止作业,选择锚地避风;港口作业单位对码头堆场的货物、作业机械等予以适当保护,港口拖轮、救助基地船舶保持警戒状态。

至3月7日15时,此次防抗风暴潮工作圆满结束。风暴潮期间,渤海、江苏省启东、海安等地多艘渔船在海上遇险,交通部迅速派出海事执法船、专业救助船舶、救助直升机,协调军队舰艇、过往商船共9艘船舶,对559艘渔船和4360名渔民实施了救援。本次风暴潮期间海事系统参与执法人员2902人次,出动执法车辆1063车次,执法船艇498艘次,共协调避风船舶9958艘。海上救援行动共协调船舶158艘次、12架次救助飞机参与救助,对684艘遇险船舶和5184名遇险人员实施了救援,防抗风暴潮工作取得全面胜利。

2.4.3 事件分析与研究

本次防抗风暴潮工作中,国务院应急办发挥了应急工作中的运转枢纽作用,交通部应急领导小组办公室发挥了高效指挥的作用,海上搜救部际联席会议制度配合协调、高效运转的特点也得到了充分体现。根据《国家海上搜救应急预案》的规定,在本次防抗特大风暴潮工作中,海事执法人员深入一线组织、指挥、检查防抗工作,专业救助力量严阵以待,各项预警预防措施按预案要求执行到位,是取得成功的重要保障。

交通水监体制改革以来,海事部门加强船舶交通管理系统、全球遇险安全通信系统和船舶自动识别系统的建设,并持续开展了长效管理能力建设,管理成效在本次防抗风暴潮的过程中得到了体现。受风暴潮影响的所有水域船舶交通管理中心有序处理锚地、港区船舶防抗走锚、搁浅等突发险情,避免了海上交通事故的发生,船舶自动识别系统在查找、协调过往船舶救助遇险渔船的行动中发挥了重要作用。辽宁、河北、天津、山东、江苏海事局及各分局、各基层海事处执法人员都在一线组织、指挥、检查防抗工作,要求客船停航及施工作业船舶停止作业,现场组织锚地锚泊船舶秩序,极大程度地减少了险情的发生概率。

2.4.4 经验启示

近年来,随着海洋灾害防御能力的加强,人员伤亡呈明显下降趋势。但由于沿海地区产业集聚水平的不断提高,以及海洋经济的快速发展,我国海洋灾害的经济损失反而呈急速增加的趋势。20 世纪 90 年代以来,海洋灾害造成的经济损失年均超过 100 亿元,20 年海洋灾害的经济损失大约增长了 30 倍,远远高于沿海地区经济的增长速度。

近年来,随着综合国力的持续增强,我国的灾害应对观念不断更新,改变了以往单纯重视抢险救灾而忽视灾害综合管理的状况,把突发事件应急管理的思想和方法应用到海洋灾害处置领域,逐步建立了覆盖海洋灾害事前、事中、事后的应急管理体系,初步构建了以"一案三制"(预案、体制、机制、法制)为主体的海洋灾害应急管理框架。

实践证明,应急管理体系在海洋灾害处置中发挥了良好的作用,提高了灾害处置效率,减少了海洋灾害造成的损失。但是,我国海洋灾害应急管理体系还不完善,在体制、机制、法制和预案体系等方面仍然存在一定的缺陷,特别是海洋灾害应急管理工作具体落实的基层"最后一公里"还不畅通。

参考文献

[1]冯士筰,李凤岐,李少菁.海洋科学导论[M].北京:高等教育出版社,1999.

[2]许艳,张志欣,常晓清.以应急预案为主线彰显负责任政府形象:防抗特大风暴潮取得全面胜利[J].中国海事,2007(3):4-7.

[3]曾剑,金新,陈甫源.海洋灾害"四级联动"应急管理体系研究与应用[J].海洋开发与管理,2018,35(5):77-82.

第三章

赤潮（浒苔）灾害与应急管理

3.1 赤潮概述

作为一种海洋生态系统中的异常现象,赤潮自古有之。据记载,最早描述海洋中赤潮现象的是圣经中的《出埃及记》,它将赤潮描绘为古埃及的一种灾难。进入 17 世纪,赤潮现象越来越多地被科学记载和描述。例如,1828 年发生在秘鲁沿岸的赤潮导致大量海鸟死亡(Rojas de Mendiola,1979);1832 年 Darwin 在智利近海发现的红色中缢虫(*Mesodinium rubrum*)赤潮现象等。由此可见,赤潮是一种海洋中存在已久的自然现象,如同人体的免疫功能,是海洋生态系统自我调整的一种方法。但是,进入 20 世纪,随着人类社会的发展和人类活动对环境影响的增加,导致赤潮发生的原因发生了根本的变化,已从海洋生态系统一种自我调整的正常自然现象,演变为在人类活动胁迫下、频繁发生的异常生态灾害(图 3-1)。特别是近年来,在全球生态环境变化的大背景下,赤潮灾害遍布全球,呈现愈演愈烈的态势,已经成为制约近海经济发展、威胁人类食品安全、破坏海洋生态系统的典型海洋生态灾害。

3.1.1 国内外赤潮发生的特点

我国最早的赤潮记录是 1933 年发生在浙江沿海一带夜光藻和骨条藻赤潮(周名

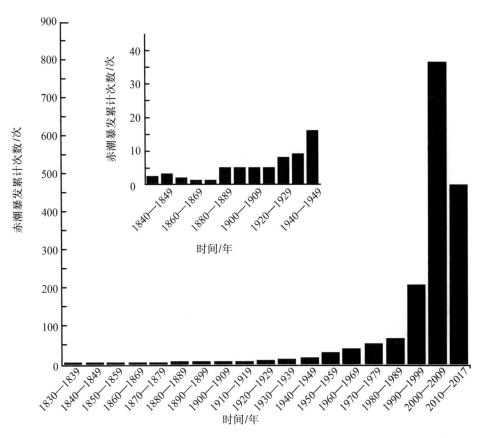

图3-1 1830—2017年中国近海赤潮记录次数(Ho et al.,1991;周名江等,2001;国家海洋局,1989—2017)

江等,2001),进入20世纪七八十年代,赤潮记录次数呈几何倍数增长。特别是2000年以来增长趋势更加明显,至2010年仅仅10年间的赤潮记录次数高达800多次(图3-1),比1952—1998年46年间的322次增加了近3倍;2000—2017年赤潮累计暴发面积达到21万平方公里(国家海洋局,1989—2017)。尽管赤潮记录次数的增加与我国赤潮监测体系的建立与不断完善有关,但还是反映出近海赤潮的暴发次数与我国沿海经济的快速增长存在一定的相关性,折射出当今赤潮的发生已不是海洋生态系统自我调整的自然现象,而是人类活动干扰下近海生态系统不断退化的一种信号,进一步证明了人类活动是当今近海赤潮频发的主要幕后推手。

在美国,赤潮灾害也同样越演越烈。例如,2015年北起美国北部的阿拉斯加、南至墨西哥沿岸暴发了前所未有的大规模拟菱形藻赤潮,海水中的神经性毒素软骨藻酸(domoic acid)突破历史记录,导致美国政府长时间禁止商业捕捞太平洋大竹蛏(pacific razor clam)、太平洋黄道蟹(rock crab)、珍宝蟹(dungeness crab)等海洋生物

（McCabe et al.，2016）。2017 年 10 月美国佛罗里达近海暴发了近十年来持续最久、灾情最严重的短凯伦藻[*Karenia brevis*,原称为短裸甲藻(*Gymnodinium breve*)]赤潮(Soto et al.，2018)，持续时间达 15 个月之久，截至 2018 年 8 月当地政府已清理海滩上因赤潮死亡的海洋生物 2000 多吨(凤凰美洲，2018)。类似的赤潮灾害还包括 2016 年发生在南美智利近海的链状亚历山大藻(*Alexandrium catenella*)赤潮和疣突卡盾藻(*Pseudochattonella verruculosa*)赤潮等，造成了智利近海养殖业 10 多亿美元的经济损失(Mascareño et al.，2018)。

纵观赤潮发生和发展历史，目前赤潮的暴发显示出很多新特点。

1.暴发规模加大

2015 年在北美洲西海岸暴发的拟菱形藻赤潮充分显示出这一特点。该赤潮 6 月份在加州近海开始形成，逐渐向北蔓延，至 8 月份已蔓延至加拿大不列颠哥伦比亚省的北部沿海，其规模之大前所未有。研究者们将其归咎于气候变化引起的反常的海水温度升高，将赤潮的暴发与全球气候变化紧密地联系在一起。从另外一个角度也说明，富营养化已成为当今全球近海一个不争的事实，赤潮物种已成为富营养化环境中普遍存在的隐患，在其他环境因子适宜的条件下，赤潮就像星星之火可以燎原一样，不断"传染"和蔓延，从以前的只是局部暴发，发展到现在成片、大规模暴发的态势。

2.持续时间更长

2005 年，佛罗里达近海发生了一次持续 18 个多月的赤潮，成为佛罗里达有记录以来持续时间最长的赤潮(Glibert et al.，2018)。2017 年 10 月发生在美国佛罗里达近海的短凯伦藻赤潮持续了 15 个月，被称为近十年来持续最久的赤潮。可见，当今赤潮持续时间动辄几个月甚至一年，与以前报道的赤潮暴发几天、几周相比发生了明显的变化。导致该变化的原因很多，除了气候因素之外，充足的营养补充应是其维持生长的必要条件，由此也反映出近海富营养化程度的加重应是其主要原因之一。

3.致灾效应加重

近海地区通常是一个国家经济较为发达和人口集中的区域，随着全球经济的不断发展，赤潮给各个沿海国家带来的危害效应也明显加重。例如，智利是全球第二大三文鱼出口国,2016 年因赤潮导致全国 12％的养殖三文鱼死亡(León-Muñoz et al.,2018),直接经济损失高达 10 多亿美元,给智利近海养殖业产生了极大的影响,并由此引发社会动乱。2012 年 5 月至 6 月,中国福建近岸海域发生米氏凯伦藻(*Karenia mikimotoi*)赤潮,影响面积近 300 km^2,导致养殖鲍鱼大面积死亡,经济损失达 20 亿元人民币,创了当时中国近海因赤潮导致的经济损失之最(林佳宁等,2016)。上述致灾效应加重除了与当地的经济发展有关之外,还与目前赤潮发生种类向甲藻类、有毒藻类演变有关,由此导致的人类中毒现象也时有报道(新华网,2017),给食品安全和公共健康带来严重威胁。另外,由于一些赤潮藻可以形成较大的具有黏性的囊体(如球形棕囊藻),能够堵塞核电冷源系统,近年来赤潮又成为威胁近海核电冷源安全的新隐患(Yu et al.,2017)。

4.全球扩张明显

全球气候变化与全球一体化加剧了赤潮灾害在全球范围的传播与扩散。越来越多的证据表明随着全球气温的升高,暖水种的赤潮生物分布会进一步扩散,赤潮暴发的窗口期会提前(Hallegraeff,2010),其结果不仅会导致赤潮发生的频次增加,而且也会导致发生的规模变大,2015 年北美西海岸大规模拟菱形藻赤潮就说明了这一点(McCabe et al.,2016)。1985 年由海金藻纲的抑食金球藻(*Aureococcus anophagefferens*)、*Aureoumbra lagunensis* 等引发的褐潮首次出现于美国东北部的一些沿海海湾,后来又于 1997 年在南非的萨尔达尼亚湾暴发;2009 年我国秦皇岛海域暴发的以抑食金球藻为优势种的褐潮,使中国成为世界上第三个受其影响的国家(Zhang et al.,2012)。根据目前的研究结果,这些赤潮生物均来自相同物种,折射出全球一体化也加剧了赤潮在全球范围的扩散。

3.1.2 赤潮应急处置技术与方法

赤潮是一种全球性海洋生态灾害,对人类健康、生态环境产生巨大危害。作为一种突发性的灾害,需要有像处置火灾一样的应急方法和手段。所以,长期以来如何应急处置赤潮是赤潮研究领域的热点和重点问题。

由于赤潮是海水中微型生物暴发性增殖或聚集而产生的生态灾害,只要能够控制住水体中赤潮生物的数量即可控制赤潮。所以,从理论上讲能够治理赤潮的方法有很多,包括物理方法、化学方法、生物方法等(俞志明等,1993;Gallardo-Rodríguez et al.,2018)。但鉴于赤潮突发性强、影响面积大,且治理方法需满足无二次污染、成本低、见效快、可大规模应用等条件,国际上长期以来缺乏一种像"灭火器"一样的应急处置技术,相关研究大都停留在实验室阶段,有效的应急处置方法是赤潮研究领域的一个国际难题。

20世纪70年代,日本科学家代田昭彦(1977)提出了利用天然黏土矿物治理赤潮的应急处置方法,并在日本鹿儿岛海域进行了现场示范研究(Shirota,1989;俞志明等,1993;Imai et al.,2006)。作为大地土壤的基本单元,天然黏土方法具有无二次污染、成本低、使用方便等优点。所以,该方法一经提出,立刻得到了广泛关注(Yu et al.,1994a;Anderson,1997;Sengco et al.,2001,2004;Beaulieu et al.,2005;Kim,2006;Park et al.,2013),成为当时能够大规模应用于赤潮应急处置的极少数方法之一(俞志明等,1993;Anderson et al.,2001;Kim,2006;Getchis et al.,2017)。然而,天然黏土溶胶性质差,絮凝赤潮生物能力低,实际应用中量少时难以完全消除赤潮,必须大量、反复散播。如日本现场用量为 $110\sim400$ t/km^2(Shirota,1989);韩国约400 t/km^2,一次用量可达60000 t(Anderson et al.,2001)。由此给大面积治理赤潮带来了原料量和淤渣量过大的问题(Sengco et al.,2001;Yu et al.,2004;Getchis et al.,2017),天然黏土絮凝效率较低成为制约黏土治理赤潮最大的瓶颈。

针对天然黏土治理赤潮效率低的国际难题,20世纪90年代,我国科学家通过研究黏土颗粒与赤潮生物作用机制,发现了天然黏土的表面性质是控制赤潮治理效率的关键因子(俞志明等,1994;Yu et al.,1995)。由此,我国科学家创新性地构建了改性黏土治理赤潮的DLVO絮凝作用模型,提出了提高黏土絮凝赤潮生物效率的表面改性理论与方法(Yu et al.,1994a,b;1995,2017),并利用吸附、插入等方法,制备出各类高效改性黏土材料(俞志明等,1994;Yu et al.,1994b,1995;曹西华等,2003;张雅琪,2013;Liu et al.,2016)。改性后的黏土材料治理赤潮效率提高几十到几百倍,现场使用量由国际上的 $100\sim400$ t/km^2 降低为 $4\sim10$ t/km^2(Yu et al.,2017)。

改性黏土高效治理赤潮的原理主要基于将天然黏土表面的负电性转变为正电性,使原来天然黏土与赤潮生物之间的负负相斥转变为正负相吸。除了改变静电相互作用之外,黏土表面改性后还会增加黏土与赤潮生物之间的桥连作用和网捕作用等,这些改变均使得改性后的黏土絮凝赤潮生物效率大大提升。Zhu等(2018)和

Liu 等(2017)的研究发现,改性黏土除了能够提高絮凝效率之外,还能够对赤潮生物产生更强的胁迫作用,导致赤潮生物即使没有被絮凝沉降,也不能够再进一步繁殖和生长。他们分别从分子生物学和生理生化等角度进一步揭示了改性黏土的高效机制。

为了确保改性黏土治理赤潮方法的绿色、环保和安全,研究者们还分别考察了改性黏土对水质(俞志明等,1995;Lu et al.,2017)、养殖生物(孙晓霞等,2000;王志富等,2014a,b)、藻毒素(俞志明等,1998;Lu et al.,2015a)和底栖环境(Lu et al.,2015b)等方面的影响,发现改性黏土可以吸附营养盐,有效改善水质(Lu et al.,2015a,b;2017),使用改性黏土后水体赤潮藻毒素可降低 80%(Lu et al.,2015a),对典型鱼、虾、贝等养殖生物、底栖环境等没有不良影响,是一种安全、可靠的赤潮应急处置技术。2005 年,改性黏土治理赤潮技术首次应用于现场,成功治理了南京玄武湖蓝藻水华。自此以来,该技术已成功应用于我国沿海 7 个省、市、自治区的 20 多个水域。2014 年列入我国《赤潮灾害处理技术指南》,成为我国近海赤潮应急处置的标准方法,也是唯一在我国近海大规模应用的方法(Yu et al.,2017)。2016 年以来,我国科学家分别与美国、智利等相关机构签署了采用我国改性黏土技术合作治理美国佛罗里达近海、智利养殖海域赤潮的相关协议,反映出该技术在国际上的影响力。

3.2　我国典型赤潮灾害事件的应急处理启示

3.2.1　青岛浒苔事件

自 2008 年以来,浒苔在我国黄海海域连续暴发,对青岛市夏季的近海海域环境造成了生态压力,同时对城市旅游造成不利影响。针对多年来浒苔侵袭沿海岸线,青岛市成立市级海洋大型藻类灾害专项应急指挥部,建立市区联动巡查队伍,多部门联合协同调度。对应急处置的陆域浒苔,根据场地、设备、浒苔进场量等情况,因地制宜地选择好氧生化或厌氧消化处理工艺进行无害化处置,坚决杜绝采取直接填埋方式处置浒苔,确保不出现二次污染。

按照青岛市浒苔灾害应急处置指挥部要求,由青岛市城市管理局牵头,各区市、相关部门和单位参加,组成海洋大型藻类灾害陆域工作组,负责组织开展海洋大型藻类灾害陆域处置相关工作。近年来,陆域工作组坚持"安全第一、统分结合、属地管理、高效协同、及时预警、重点防控,陆海联动、前端减量、净污分离、分类处置,军地结合、公众参与;早巡查、早发现、早清理、早处置,随来随清、日清日结"的工作原则,不断完善工作机制,密切配合形成合力,切实做好陆域浒苔清理处置工作。2017年以来,由青岛海大生物集团有限公司负责陆域浒苔的现场处置工作,青岛市环境卫生发展中心负责场地监督管理,现场督导处置单位场地前期准备工作,指导加强场地管理,规范处置方式,完善管理制度,健全档案资料,多措并举抓实抓好处置场地安全管理、异味控制、污水处置、扬尘防控,精准管控陆域浒苔处置污染物排放;关注群众诉求,加强场地周边舆情巡查监测;多角度全方位落实落细环保要求,处置场地管理逐步规范化,场地管理制度、控制措施逐渐完善,处置方式科学、规范,圆满完成陆域浒苔应急处置任务。

打捞上岸的浒苔需经各区压榨点压榨脱水处理后,方可运送至浒苔应急处置场进行处置。浒苔卸车后,仍需进行控水。浒苔控水完成后,即可进场掺拌沙土,沙土掺拌量30%~50%,掺拌后含水率控制在40%~60%。备用土要用防雨布覆盖好,防止雨水进入。完成拌土后的浒苔堆成条形堆垛,条形堆垛尺寸根据所采购的机械规格确定,条形堆垛在下雨前要采用防雨布覆盖。在浒苔进行一次发酵的过程中,根据条形堆垛的内部发酵温度来控制翻堆的次数。采用快速方便的专用测温仪器,每天定时对每个浒苔堆体进行测温。当浒苔条堆内部发酵温度超过40℃时开始进行首次翻堆。当浒苔条堆内部发酵温度达到60℃时,需要进行第二次翻堆。经过第二次翻堆后,若浒苔条形堆垛的内部发酵温度又开始上升并达到60℃时,需进行再次翻堆。直至温度开始下降,停止翻堆完成一次发酵。对于完成一次发酵的浒苔条堆,可以根据场地情况进行集中堆高堆放,进行二次发酵。浒苔经过二次发酵后,就会腐熟成为稳定的腐殖质。在掺拌沙土过程中,同时添加吸附剂和厌氧微生物菌剂与浒苔掺和均匀掺拌,吸附剂添加量按5%~10%。在掺拌的同时喷洒厌氧微生物菌剂,加速浒苔的分解。掺拌均匀后的浒苔堆成条形堆垛,条形堆垛高度控制在3 m以内,宽度可视场地情况确定,表层覆盖土厚度至少0.5 m。厌氧消化过程中无须翻堆,待消化完毕,再翻堆掺拌均匀即可达到腐熟。厌氧消化达到腐熟后,需再次进行翻堆,翻堆时辅助喷洒好氧微生物菌剂,2~3天后达到完全稳定化,土堆留存用于第二年浒苔处置。

(1)防渗要求。浒苔进行处置时,会产生少量污水,需对作业场地采取防渗措施。鉴于目前浒苔属于地区特有自然灾害,没有相关国家标准规范,暂参考《生活垃圾卫生填埋处理技术规范》中的复合衬里结构,压实土壤地基后,依次铺设膨润土垫、HDPE土工膜防渗层和压实黏土保护层。

(2)排水要求。在浒苔进场处置前,需对场地进行平整压实处理,场底放坡,坡脚设污水导排沟。坡度横坡不小于5%,纵坡不小于2%,坡向设污水导排沟。场地外围设置截洪沟防止地表水进入场地。场区设置雨水导排沟,避免场地积水。设置污水收集井,将污水导排沟内污水收集后外运至生活污水处理厂协同处置。

(3)地基要求。场地地基及道路需满足浒苔运输车辆满载的安全通行条件,道路需进行硬化,确保降雨条件下正常通行。条形堆垛场地需满足运输车辆及作业机械的运行条件。

(4)交通要求。浒苔处置场需规划设计运输车辆进出场地的交通路线,设置停车、卸车区域和运输车辆等候区域,确保浒苔运输车辆在大量进场的情况下,正常有序通行。

在陆域浒苔应急处置过程中,环境监测是运行管理的重要环节之一,是运行状况的评价依据。参考《生活垃圾卫生填埋场环境监测技术要求》(GB/T 18772—2008)委托有资质的第三方机构,定期对应急处理场地的大气、地下水、噪声、沼气等环境因子进行检测,全面掌握环境状况。在应急处置过程中,针对产生的轻微臭味问题,添加微生物除臭剂或喷洒除臭剂,每日不少于4次。在此基础上,根据场地异味控制情况,及时增加喷洒投放频次。目前,场地主要采取无人机、喷淋洒水降尘系统喷洒遮味剂。同时,考虑到保护周围生态环境、居民居住环境和工人工作环境的需要,根据作业工艺要求对浒苔堆体进行覆盖作业,这也是处置场运行作业中重要的一环。

场地内建设污水导排收集设施和装置,做好雨污分流,对处置过程中出现的污水进行单独的导排收集、外运处置。新鲜浒苔控出的清水及降雨产生的清水,单独收集有序排放。在设计和运行中确保雨水和污水各自收集导排,互不交叉混合。

处置过程中产生的污水,单独收集,集中处理。收集后的污水运送至青岛市娄山河污水处理厂进行处理。

存在问题:

（1）陆域浒苔应急处置地点选址困难。因浒苔存在季节性、易腐性、异味大等特点，按照生活垃圾好氧发酵处置场的要求进行选址。随着城市发展，市区内设置的临时应急处置场地已不具备浒苔处置选址条件，暂无正规浒苔处置场地。

（2）受岸边礁石、洋流风浪等自然因素影响，打捞危险很大，个别区域清理打捞不及时，清理打捞不完全，打捞技术也存在难度。在应急处置过程中，堆放的浒苔会产生轻微臭味和污水，存在环保风险。

（3）海上拦截设置还有漏项。如古镇口军民融合区海域因无拦截网，浒苔控制、打捞难度较大，使得该区域陆域浒苔数量激增，增加了处置难度。

（4）浒苔处置工作省际合作仍有待加强。浒苔灾害形成原因较为复杂，主要是黄海南部海域浅滩大规模紫菜养殖筏架上附生的绿藻脱落，向北飘移，在青岛适宜的海水环境下大量繁殖、增生。

3.2.2 福建赤潮致民众中毒事件

福建是我国赤潮多发省份之一，2000—2017 年共发生赤潮 219 起，其中 35 起赤潮造成养殖损失或群众健康受损事件。做好有毒赤潮应急处置，对保障人民群众生命安全，维护海洋渔业经济健康发展，服务生态环境建设至关重要。

2017 年 6 月 6 日，石狮市海洋与渔业局报告深沪湾梅林码头附近海域水色异常，水体呈暗红色。当天监测结果表明，该海域浮游植物第一优势种为链状裸甲藻，已经形成赤潮。6 月 8 日，漳州漳浦发生疑似食用贻贝中毒事件，9 日对事发周边海域应急监测结果表明，该海域水色未见明显异常，但浮游植物第一优势种链状裸甲藻的细胞密度超过其赤潮基准密度，已形成赤潮。

赤潮事件发生后，省、市各有关海洋与渔业行政主管部门快速响应、积极应对，及时控制源头，主动公开赤潮动态信息，有效地遏制了赤潮影响进一步扩大，切实保障群众水产品食用安全和生命财产安全。赤潮应急响应主要流程如图 3-2 所示。

1. 主要应急措施

（1）及时控制上市水产品源头

链状裸甲藻可产生麻痹性贝类毒素（PSP），被牡蛎、贻贝、扇贝等贝类生物滤食

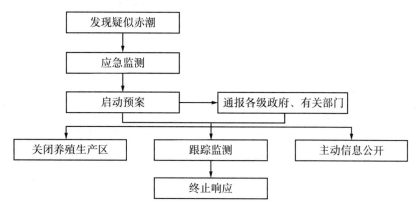

图 3-2　赤潮应急响应主要流程

后,可在贝类体内积累毒素,从而引起食用者中毒。由于赤潮海域有牡蛎、扇贝、菲律宾蛤仔等滤食性贝类养殖区,海洋与渔业行政主管部门第一时间关闭了赤潮海域养殖生产区。泉州、石狮等地通过渔村村委会通知到户,并利用广播、横幅、告示等方式广泛宣传告知,暂停采捕作业。渔政执法部门加强对养殖渔船的管控,组织力量开展海上巡查,切实有效地防止当地渔民私自出海采捕作业。这些措施有效地控制了养殖区源头,事件发生后,未出现受有毒赤潮污染的水产品流通入市的情况。

(2)根据赤潮动态调整监视监测应急预案

应急预案启动后,漳州、泉州海洋监测机构对赤潮海域保持每天 1 次的跟踪监视监测,及时掌握赤潮发展动态,同时,邻近的莆田、厦门等地市对辖区海域开展监视。根据 6 月 10 日的监测结果,漳州海域赤潮影响面积明显增大至 40 km²,泉州深沪湾海域赤潮北向扩散至崇武海域,判断链状裸甲藻赤潮有扩大并向福建中北部海域蔓延趋势。福建省海洋与渔业厅立即制定并印发了专项应急工作方案,针对全省重点养殖区开展加密监视监测。其中,管理海域已发生赤潮的沿海设区市,养殖区未禁采的海域每 2 天监测 1 次,养殖区已禁采的海域每周监测 1 次;其他沿海区市视赤潮生物监测情况而定,当有毒赤潮藻种形成优势时,每 2 天监测 1 次。通过专项监测工作的实施,在厦门、莆田和平潭海域先后检出低密度链状裸甲藻,其中莆田、平潭养殖滤食性贝类检出 PSP 超标。

(3)主动公开灾害信息

新媒体时代,人人都可以是信息的发布者和接收者,针对事件片面的看法和讨论容易被迅速传播,影响社会稳定,因此要及时主动地公开信息,消除公众的误解和恐慌,稳定人心,让谣言不攻自破,降低负面影响。本次赤潮过程中,福建省海洋与渔业厅主动联系中央电视台、新华社、中国日报、福建日报、中国新闻网、东南网等主要新闻媒体,将链状裸甲藻赤潮的动态信息、政府部门对策措施以及水产品消费指导意见,通过电视新闻、网络平台、微信公众号等多种途径向社会公开。从效果来看,由于应对有序,处置得当,及时回应了群众关切的问题,满足公众知情权,微博、微信等网络舆论反映良好,网络受众基本能够理性看待赤潮与食用贝类中毒事件,未出现不实谣言信息,有效地维护了社会安定稳定。

(4)适时终止应急响应

受台风"苗柏"影响,漳州、泉州海域赤潮分别于6月12日、6月13日相继消亡。6月15日,漳州、泉州海域连续多日水色未见异常,且未检出链状裸甲藻;厦门、莆田海域水色正常,且未检出有毒藻种,仅平潭海域检出低密度链状裸甲藻,未形成赤潮。考虑到该段时期受"苗柏"残留云系和北部冷空气共同影响,福建沿海风浪较大,以中到大雨天气为主,海况和气象条件不利于赤潮生物的增殖和聚集,且全省6月13日以来未接到新增疑似食用贝类中毒病例的通报,福建省海洋与渔业厅于16日终止了赤潮应急响应。但由于赤潮毒素影响的彻底消退有一定的滞后性,部分海域养殖贝类体中蓄积的PSP未完全代谢,仍检出PSP超标。终止赤潮应急响应后,转为海水贝类质量安全监管跟踪监测,并持续至9月5日泉州海域养殖区连续两周贝毒未检出。

2.存在问题与对策建议

(1)协同应急响应机制急需完善

赤潮发生时,需要开展应急跟踪监测、发布赤潮动态信息、指导养殖生产、防范赤潮灾害、救治受赤潮毒害的人员、关闭滨海旅游度假区海水浴场、控制水产品上市流通等工作,涉及众多的职能部门。2006年,福建省海洋与渔业厅制定印发《福建省赤潮灾害应急预案》,并在2014年结合应急管理要求对该预案进行了修订。但该预案属于部门预案,修订前后均未能列入省级预案体系。目前,赤潮应急处置工作仍是以海洋与渔业单一部门处置为主,赤潮期间涉及的卫生防疫、旅游管理、市场流通监督等部门缺少相关的信息共享互通机制与平台,无法及时根据赤潮发展动态情况调整制定相应的决策。因此,应当将赤潮应急预案列入政府专项预案,明确各级各部门应急职责分工,通过定期应急演练强化各应急单位的协同配合,确保在实战中能够有序地协同行动。

(2)地市基本应急能力建设有待加强

福建省海洋与渔业厅整合省内各方资源,构建由省、市海洋系统监测机构、东海区海洋环境监测中心站和省级科研院所组成的多元化的海洋环境监测网络,共同开展赤潮监测与预警工作。但地市一级监测机构的赤潮藻种鉴定能力参差不齐,甚至大多不具备贝类毒素检测资质和能力。本次链状裸甲藻赤潮应急监测期间,全省各地抽采的贝类样品均送样至福建省海洋环境与渔业资源监测中心(福州)和福建省水产研究所(厦门)开展检测分析。地市一级监测能力不足极大制约了应急时效,对应急处置决策的制定也带来了一定的影响。因此,应加强地市级监测机构基础应急监测能力的建设,使其具备开展赤潮生物鉴定以及赤潮毒素检测的能力,为防范决策提供快速、有效的技术支撑。

(3)有毒赤潮生物监测技术需要提升

根据国家海洋局要求,4—10月期间,各赤潮监控区每两周开展1次赤潮常规监测。常规监测时间间隔较长,往往不能发现监测区域内赤潮生物临界、水质指标异常等赤潮暴发的早期迹象。自2013年起,福建省海洋与渔业厅结合本省海域4—6月赤潮高发的特点,在赤潮高发期间监测频次加密为一周2次。通过加密监测,在水色未见异常时监测到赤潮生物超过其赤潮基准密度,如2013年5月19—23日霞浦高罗海域的东海原甲藻赤潮、2016年4月18—22日平潭澳前海域的夜光藻赤潮、2016年5月3—4日平潭苏澳海域的夜光藻赤潮。但是,执行加密监测任务往往更加重视时效性以及赤潮生物密度是否达到赤潮标准,而对沉降浓缩时间等检测技术要求适当放宽,对于低密度的有害赤潮生物很可能无法监测到。海域中存在低密度的链状裸甲藻时,即使未达到赤潮基准密度,也可能因生物的累积传递作用造成危害。一些国家和地区在海域存在低密度链状裸甲藻时,对养殖区提出限制措施,福建省也参考提出当链状裸甲藻密度超过500 cell/L时,要对养殖区采取限制措施,如此低密度的有毒藻类很可能无法在执行的加密监测任务中发现。因此,可以制定管理海域高毒高危害赤潮生物种类名录,尝试利用DNA条形码分子鉴定等新技术手段进行特定藻种鉴定,获取低密度、孢囊状态的特定藻种变动情况,使赤潮监测工作更具选择性和目标性,更好地服务渔业生产和民生。海水养殖区一旦存在有毒藻类,将直接对贝类的卫生质量造成影响,本次链状裸甲藻赤潮事件表明,海域中存在低密度的有毒藻时,即使未达到赤潮基准密度,也可能因生物的累积传递作用造成危害。因此,有必要在浮游植物生长活跃期,将赤潮常规监测与海水贝类卫生监测并行。根据农业农村部安排,当时省级海洋与渔业部门制定了各省海水贝类卫生监测工作方案,5月至10月期间每2月组织开展1次监测。国际上普遍实施每100 t官方监督抽检1个样品的水产品质量安全检测要求,上市产品则要求批批检测,而2016年福建海水贝类监测全年仅470批次,对于276×10^4 t的海水贝类产量而言远远不够。因此,海水贝类质量安全例行监测频次和覆盖率仍需提高,可以考虑在市、县推广配备贝毒快检技术,在省级监测工作的基础上增加快检频次。

3.3 我国赤潮灾害应急预案

3.3.1 总则

1.编制依据与目的

为切实履行赤潮灾害监测预警职责,保障公众身体健康和生命安全,依据《中华人民共和国海洋环境保护法》《中华人民共和国突发事件应对法》《国家突发公共事件总体应急预案》,制定本预案。

2.适用范围

本预案适用于各级自然资源(海洋)主管部门组织开展的赤潮灾害监测、预警和灾害调查评估等工作。大型藻类大规模灾害性暴发的应急响应可参照本预案执行。

3.3.2 组织体系与职责

赤潮灾害监测、预警和灾害调查评估工作坚持统一领导、综合协调、分级负责、属地为主的组织管理原则。

1.自然资源部

负责全国赤潮灾害监测、预警和调查评估的组织协调和监督指导,向中共中央办公厅、国务院办公厅报送重大灾情信息,动态完善《赤潮灾害应急预案》。

2.自然资源部海区局(以下简称海区局)

承担近岸海域以外赤潮灾害监测、预警和调查评估的第一责任,并协调辖区内跨省份赤潮灾害应急工作,监督指导各省(区、市)赤潮灾害应急预案执行,发布责任海域赤潮灾害信息。

3.沿海各省、自治区、直辖市及计划单列市(以下简称省级)自然资源(海洋)主管部门

承担本行政区近岸海域赤潮灾害监测、预警和调查评估的第一责任,在当地人民政府统一领导下分工开展赤潮应急工作,发布责任海域赤潮灾害信息。

4.应急技术支撑机构

各级自然资源(海洋)主管部门根据赤潮应急工作需要,确定灾害监测、预测预警和防灾减灾等相关领域的应急技术支撑机构,并对其提供的信息质量与技术支撑进行监督管理。

3.3.3 应急响应启动标准

赤潮灾害应急响应按照赤潮灾害的影响范围、性质和危害程度分为Ⅰ级、Ⅱ级、Ⅲ级三个级别,分别对应最高至最低应急响应级别。

1.Ⅰ级应急响应

当出现以下情况之一时,启动赤潮灾害Ⅰ级应急响应:

(1)近岸海域发现有毒赤潮面积1000平方千米以上,或有害赤潮面积3000平方千米以上,或其他赤潮面积5000平方千米以上。

（2）近岸海域外发现赤潮面积 8000 平方千米以上，且 2 天内可能影响近岸海域。

（3）因食用受赤潮污染的水产品或接触到赤潮海水，出现身体严重不适病例报告 100 人以上，或出现死亡人数 10 人以上。

（4）赤潮灾害发生在重大活动海域，且距离活动举办时间小于 2 天。

（5）赤潮灾害发生在经济敏感海域，造成的经济损失可能达 5 亿元以上。

2. Ⅱ级应急响应

当出现以下情况之一时，启动赤潮灾害Ⅱ级应急响应：

（1）近岸海域发现有毒赤潮面积 500～1000 平方千米，或有害赤潮面积 1000～3000 平方千米，或其他赤潮面积 3000～5000 平方千米。

（2）近岸海域外发现赤潮面积 5000～8000 平方千米，且 2 天内可能影响近岸海域。

（3）因食用受赤潮污染的水产品或接触到赤潮海水，出现身体严重不适病例报告 50 人以上、100 人以下，或死亡人数 5 人以上、10 人以下。

（4）赤潮灾害发生在重大活动海域，且距离活动举办时间 2～5 天。

（5）赤潮灾害发生在经济敏感海域，造成的经济损失可能达 1 亿元以上、5 亿元以下。

3. Ⅲ级应急响应

当出现以下情况之一时，启动赤潮灾害Ⅲ级应急响应：

（1）近岸海域发现有毒赤潮面积 200～500 平方千米，或有害赤潮面积 500～1000 平方千米，或其他赤潮面积 1000～3000 平方千米。

（2）近岸海域外发现赤潮面积 3000～5000 平方千米，且 2 天内可能影响近岸海域。

（3）因食用受赤潮污染的水产品或接触到赤潮海水，出现身体严重不适病例报告超过 10 人以上、50 人以下，或出现死亡人数 5 人以下。

（4）赤潮灾害发生在重大活动海域，且距离活动举办时间 5～10 天。

（5）赤潮灾害发生在经济敏感海域，造成的经济损失可能达 2000 万元以上、1 亿元以下。

另外，达到赤潮基准密度，但尚未达到Ⅲ级应急响应启动标准的赤潮灾害，属于一般赤潮,不启动本预案,由所在海域的自然资源(海洋)主管部门做好赤潮监测和信息发布工作。

各省级自然资源(海洋)主管部门可根据本区域赤潮灾害历史情况和政府应急管理实际,确定本省(区、市)赤潮灾害应急响应标准,但应满足本预案的基本工作要求。

3.3.4 应急响应程序

各海区局和省级自然资源(海洋)主管部门应建立赤潮信息受理平台,设立热线电话、微信等报灾渠道,向社会广泛发布。各级海洋生态预警监测机构、志愿者以及有关单位或个人一旦发现赤潮发生迹象,可通过任一渠道报告。近岸海域赤潮信息由省级自然资源(海洋)主管部门组织现场确认,近岸海域外赤潮信息由海区局组织遥感研判或现场确认。

赤潮信息一经确认,根据赤潮发生位置的不同,分别由海区局或省级自然资源(海洋)主管部门依据标准启动应急响应程序。

1. Ⅰ级应急响应程序

(1)海区局或省级自然资源(海洋)主管部门应在获知确认信息后及时启动或调整为Ⅰ级应急响应,并报自然资源部海洋预警监测司。省级自然资源(海洋)主管部门要同时通报海区局。

(2)自然资源部海洋预警监测司领导和值班处室保持通信畅通,密切关注赤潮发生发展动态,协调指挥应急响应工作。根据赤潮应急需要派出工作组,监督指导监测预警工作,提供应急决策咨询和技术支持。如遇重大灾情,编报《自然资源部值班信息》。

(3)海区局或省级自然资源(海洋)主管部门应组织每日开展赤潮应急监测预警工作,将赤潮监测预警信息、灾害损失和应急响应情况等以《赤潮快报》形式报自然资源部海洋预警监测司,并抄送自然资源部海洋减灾中心和国家卫星海洋应用中心。信息报送频次为每日1次。

(4)灾害结束后,海区局或省级自然资源(海洋)主管部门应及时组织开展赤潮灾害调查评估工作,评估结果于响应终止后10个工作日内报自然资源部海洋预警监测司,并纳入当月《赤潮月报》内容。

2.Ⅱ级应急响应程序

(1)海区局或省级自然资源(海洋)主管部门应在获知确认信息后及时启动或调整为Ⅱ级应急响应,并报自然资源部海洋预警监测司。省级自然资源(海洋)主管部门同时通报海区局。

(2)自然资源部海洋预警监测司领导和值班处室保持通信畅通,密切关注赤潮发生发展动态,协调指挥应急响应工作。如遇重大灾情,编报《自然资源部值班信息》。

(3)海区局或省级自然资源(海洋)主管部门应及时组织赤潮应急监测及预警工作,根据赤潮应急需要组织专家赴赤潮灾害现场,提供决策咨询和技术支持。将赤潮监测预警信息、灾害损失和应急响应情况等以《赤潮快报》形式报自然资源部海洋预警监测司,并抄送自然资源部海洋减灾中心和国家卫星海洋应用中心。信息报送频次不低于每周2次。

(4)灾害结束后,海区局或省级自然资源(海洋)主管部门应及时组织开展赤潮灾害调查评估工作,评估结果于响应终止后10个工作日内报自然资源部海洋预警监测司,并纳入当月《赤潮月报》内容。

3.Ⅲ级应急响应程序

(1)海区局或省级自然资源(海洋)主管部门应在获知确认信息后及时启动或调整为Ⅲ级应急响应。省级自然资源(海洋)主管部门及时通报海区局。

(2)海区局或省级自然资源(海洋)主管部门应及时组织开展赤潮应急监测及预警工作,根据赤潮应急需要组织专家赴赤潮灾害现场,提供决策咨询和技术支持。对于造成人员伤亡或较大经济损失的赤潮灾害,应将赤潮监测预警信息、灾害损失和应急响应情况等综合信息以《赤潮快报》形式及时报自然资源部海洋预警监测司,并抄送自然资源部海洋减灾中心和国家卫星海洋应用中心。信息报送频次不低于每周1次。

(3)灾害结束后,海区局或省级自然资源(海洋)主管部门应及时组织开展赤潮灾害调查评估工作,评估结果纳入当月《赤潮月报》内容。

4.应急响应终止与调整

(1)应急响应终止

当赤潮灾害达到Ⅲ级应急响应标准以下时,海区局或省级自然资源(海洋)主管部门可适时决定终止应急响应程序,并继续组织开展监测至赤潮消亡。

(2)应急响应调整

根据赤潮灾害发生情况、发展趋势及危害影响程度的变化,海区局或省级自然资源(海洋)主管部门可适时决定调整应急响应级别。

3.3.5 信息公开

各海区局和省级自然资源(海洋)主管部门负责责任海域赤潮监测预警信息公开,通过电视、广播、报纸、互联网等多种途径,主动、及时、准确、客观地向社会发布赤潮灾害监测预警和应对工作信息,回应社会关切问题,澄清不实信息,引导社会舆论。

3.3.6 应急保障

1.加强组织领导

各级自然资源(海洋)主管部门加强对赤潮灾害应急工作的组织和领导,建立健全赤潮灾害应急工作体系,强化与各级人民政府及有关部门的沟通和协调。各海区局应加强对省级自然资源(海洋)主管部门预案执行的监督,并提供技术指导和协助。

2.建立多元投入渠道

各级自然资源(海洋)主管部门按照事权和财政支出责任划分,推动赤潮灾害预警监测纳入各级财政的重点支持领域,加大资金投入力度,积极引导社会资金投入。

3.加强人才队伍建设

各级自然资源(海洋)主管部门应加强赤潮监测预警和调查评估工作能力建设,培养训练有素的赤潮应急监测、预警等专门人才。根据各自实际情况定期组织开展不同形式和规模的赤潮灾害应急演习演练,切实提高灾害应急响应能力。

附录1 赤潮灾害相关术语

一、赤潮

海洋浮游生物在一定环境条件下暴发性增殖或聚集达到某一密度,引起水体变色或对海洋中其他生物产生危害的一种生态异常现象,又称有害藻华。

二、赤潮生物

能够大量繁殖并引发赤潮的生物。赤潮生物包括浮游藻类、原生动物和蓝细菌等。

三、赤潮藻毒素

由有毒赤潮藻产生的具有毒副作用的天然有机化合物。危害性较大的几种毒素分别是麻痹性贝毒素(PSP)、腹泻性贝毒素(DSP)、神经性贝毒素(NSP)、西加鱼毒素(CFP)、失忆性贝毒素(ASP)和蓝细菌毒素(蓝藻毒素,CTP)、溶血素等。

四、有毒赤潮

特指能引起人类中毒,甚至死亡的赤潮。

五、有害赤潮

对人类没有直接危害,但可通过物理、化学等途径对海洋自然资源或海洋经济造成危害的赤潮。

六、其他赤潮

不产生毒素,尚未有造成海洋自然资源或海洋经济危害记录,但可能对海洋生态系统造成潜在影响的赤潮。

七、近岸海域

我国领海外部界限向陆一侧的海域。渤海的近岸海域,为自沿岸多年平均大潮高潮线向海一侧 12 海里以内的海域。

八、重大活动海域

一旦暴发赤潮灾害,可能引发社会舆论关注,并具有重大国际影响的国事、国际交往、国家庆典举行等活动的海域,海域范围以具体活动通告为准。

九、经济敏感海域

受赤潮灾害影响,可能产生较严重经济损失的海域,如渔业资源利用和养护区、滨海旅游区、滨海工业取排水区等。

附录 2　赤潮灾害应急响应相关要求

一、赤潮监测预警应包含的内容

（1）赤潮灾害发生时间、地点、面积、范围。

（2）赤潮发生海域内各项水文、气象、理化和生物指标的变化情况。

（3）赤潮生物种类与毒性，有毒赤潮暴发海域水产品体内毒素含量，若赤潮发生区内存在养殖区，采集的生物应包含养殖区的主要养殖种类。

（4）赤潮灾害发生地点、面积、海域水文气象状况等，评估赤潮灾害的可能规模，初步判定赤潮漂移与生长消亡趋势。

（5）赤潮灾害是否对养殖业、旅游业和滨海工业取排水构成威胁。

（6）赤潮灾害是否对公众健康构成威胁。

二、灾害调查评估应包含的内容

（1）赤潮发生发展情况。

（2）赤潮对人体健康、水产养殖、海洋生态环境的影响。

（3）赤潮监测预警工作情况，赤潮灾害信息管理、发布情况等。

附录3 有毒、有害赤潮藻及基准密度清单

类型	特征	原因和名称	基准密度 >10^4个/L
有毒赤潮	指能引起人类中毒,甚至死亡的赤潮	链状裸甲藻(*Gymnodinium catenatum*)	50
		短凯伦藻(*Karenia brevis*)	100
		太平洋亚历山大藻(*Alexandrium pacificum*)	50
		链状亚历山大藻(*Alexandrium catenella*)	50
		微小原甲藻(*Prorocentrum minimum*)	100
		倒卵形鳍藻(*Dinophysis fortii*)	20
		利马原甲藻(*Prorocentrum lima*)	50
		多列拟菱形藻(*Pseudo-nitzschia multiseries*)	100
		福氏拟菱形藻(*Pseudo-nitzschia fukuyoi*)	1000
		尖细拟菱形藻(*Pseudo-nitzschia cuspidata*)	1000
有害赤潮	对人类没有直接危害,但可通过物理、化学等途径对海洋自然资源或海洋经济造成危害的赤潮	米氏凯伦藻(*Karenia mikimotoi*)	100
		赤潮异弯藻(*Heterosigma akashiwo*)	500
		多环马格里夫藻(*Maligrafidinium polykrikoides*)(原名多环旋沟藻)	50
		双胞马格里夫藻(*Maligrafidinium geminatum*)(原名双胞旋沟藻)	50
		球形棕囊藻(*Phaeocystis globosa*)	1000
		海洋卡盾藻(*Chattonella marina*)	30
		剧毒卡尔藻(*Karlodinium veneficum*)	100
		血红哈卡藻(*Akashiwo sanguinea*)	50
		抑食金球藻(*Aureococcus anophagefferens*)	10000
		东海原甲藻(*Prorocentrum donghaiense*)	50
		锥状斯氏藻(*Scrippsiella trochoidea*)	100

附录4 2021年青岛市浒苔灾害应急处置工作方案

为有效防控浒苔灾害对我市近岸海域生态环境、夏季旅游和居民生产生活的影响,根据《青岛市海洋大型藻类灾害应急预案》(青政办字〔2020〕24 号),结合当前溢油处置工作实际,制定 2021 年青岛市浒苔灾害应急处置工作方案。

一、坚持"统分结合",强化溢油和浒苔应急处置一体化指挥体系

按照"统分结合"的原则,在已有市溢油处置联席会议组织架构基础上,结合大型藻类应急处置预案,建立浒苔灾害应急处置指挥部,指挥部成员由联席会议有关成员兼任,对溢油和浒苔灾害处置实行统筹指挥。在联席会议的统一领导下,对溢油和浒苔气象预报、分布监测、动态预警、海上打捞、陆域处置等实行统一指挥。浒苔灾害应急处置指挥部设综合协调、海域工作、陆域工作、新闻宣传、经费监督、专家咨询 6 个工作组,按职责分工,重点做好海上打捞、卸港装运、岸线清理、资源化和无害化处置、舆情管控等工作。

二、严守"四道防线",强化浒苔应急处置机制

(一)第一道防线,海上前置打捞线。组建 80 艘船长 20 m、100 马力以上的前置打捞船队,根据浒苔发展态势,建立一道由打捞船和海上综合处置平台(海状元2)组成的拦截打捞线,到我市辖区南部海域北纬 35°40′至 43′,东经 120°50′以西,距我市主城区约 22 海里的海域进行前置拦截打捞作业,全力减少进入近海的浒苔量,有效实现浒苔与溢油的海上远距离物理隔离,大幅度降低浒苔沾染油污的处置总量。

(二)第二道防线,海域前出拦截线。在全市沿海重点海域,建立一道由打捞船和海上综合处置平台组成的打捞线,在围油栏、拦截网以外海域进行打捞作业,有效减少进入浅海和岸边的浒苔量,有效避免浒苔与溢油随风浪和洋流进入浅海和岸边"集中密接"。具体作业分工如下:

1.市南团岛至小麦岛以西海域,组织 80 艘船长 20 m、100 马力以上的浒苔打捞船防守打捞。借鉴去年成功经验,适时组织打捞船关口前移,越过航道对竹岔岛至大

公岛连线区域及周边海域的浒苔进行打捞,着力将浒苔拦截打捞于主航道以外,避免夜间不能作业,导致浒苔上岸的局面。根据需要调用崂山区20艘小船作为机动浒苔打捞船队。此外抽调100艘渔船作为市浒苔应急打捞预备船队。

2.小麦岛以东至石老人海水浴场海域,由崂山区负责。选调40艘大船进行浒苔打捞,并组建浒苔应急打捞预备船队。船队由崂山区自然资源局负责,并接受市海域工作组指挥。

3.西海岸新区金沙滩、银沙滩、灵山湾等海域,由西海岸新区负责。选调40艘浒苔打捞船进行打捞,并组建浒苔应急打捞预备船队。船队由西海岸新区海洋发展局负责,并接受市海域工作组指挥。

4.鳌山湾周边海域,由即墨区负责。选调10～20艘浒苔打捞船进行打捞,并组建浒苔应急打捞预备船队。船队由即墨区自然资源局负责,并接受市海域工作组指挥。

5.其他沿海海域,由所在区市,按照属地管理的原则,根据浒苔灾害情况,组织浒苔打捞船只,在各自管辖海域范围内进行浒苔打捞。

(三)第三道防线,重点海域拦截线。在重点海湾、海水浴场、重要景观周围海域设置拦截线,以目前已经设置的溢油应急处置围油栏、拦截网等为基础,对漂向浅海及岸边的浒苔进行有效拦截。在海水浴场等部分重点区域进行布设,并加装简易围油栏,加强拦截效果。各海水浴场采取措施将防鲨网抬高加密,以有效拦截进入浴场内的浒苔。

加强巡视清理,发现问题及时维修,确保围油栏、拦截网安全、完好,发挥其拦截作用。对堆积在围油栏、拦截网上的浒苔、油污等,安排作业船只及时予以清除。

(四)第四道防线,浅海岸边清理线。按照属地管理原则,保持目前浅海和岸上油污清理队伍相对稳定,坚持早巡查、早发现、早清理、早处置,对越过前三道防线进入围油栏、拦截网以内浅海的浒苔、油污及上岸浒苔、油污等及时进行清理。

沿海各区市要根据浒苔不同的处置量级,提前做好相关准备,合理划分片区,科学制定方案,建立现场调度和监督检查机制,确定各片区现场负责人。同时,做好运输车辆、人员队伍、物资器材准备和浒苔处置应急场地建设。

高度重视拦截网以内的浅海浒苔清理工作,及时清理进入浒苔拦截网以内海面的漂浮浒苔和上岸浒苔,做到随来随清、日清日结,不留死角。清理人员、机械采取分片包干,合理确定每人每天作业时间和强度。在组织浒苔清运时,根据潮汐和天气情况,抓住早晚、退潮等有利时机,集中人员、机械车辆速战速决。为防止浒苔腐烂变臭污染环境,到岸浒苔必须在当天内全部清理完毕,实现"无异味、无腐烂、不过夜"的清理目标。同时,加强人员培训和现场组织,改进方法手段,减少沙滩损害,防止打疲劳战,确保浒苔清运安全高效。

三、严格"四项措施",守牢生态环境保护底线

(一)分区分类措施。海上前置、海域前出打捞船只实施分区、分类打捞作业,做到浒苔打捞与油污处置船只和区域互不交叉,有效减少打捞归集过程浒苔沾染油污概率和后期分拣、处置难度。

(二)分拣分处措施。严格区分浒苔类别,精细实施分类处置。对海上打捞的干净未沾染油污的浒苔,转运至海大生物集团胶州处置基地进行资源化利用;对陆域清理的干净未沾染油污的浒苔,转运至娄山河临时处置场,采取堆垛消化方式进行无害化处置。

严格实施分类分拣,对海上打捞过程、陆域清理过程混杂油块油粒、沾染油污的浒苔,实施分类分拣后,按照《国家危险废物名录》危险废物豁免清单规定,实施运输和处置豁免,纳入生活垃圾焚烧等处置渠道,由生活垃圾焚烧厂等无害化处理设施进行协同处置,不得随意倾倒或填埋;能够单独分拣出的较大油块,按照危废处置要求,纳入本次溢油应急处置的油污处置渠道进行运输、处置。

在海大生物胶州基地和娄山河临时浒苔处置场所,再设置一道防线,对前面环节遗漏的沾染油污浒苔再行分拣,纳入生活垃圾焚烧等处置渠道,由生活垃圾焚烧厂等无害化处理设施进行协同处置。

沾染油污浒苔处置过程应严格执行环境保护相关要求。

(三)人员培训措施。组织开展区市、镇街、船上和岸上作业人员培训,把工作部署、标准和要求宣传到位,做到人人熟知、个个掌握。杜绝粗放作业、净污不分及混捞、混收、混运,给后续浒苔清理处置工作增加难度。

(四)监督检查措施。依职责分工,浒苔在海上打捞和陆域清理过程中的分类分拣,以及分拣出的沾染油污浒苔处置工作由各区市政府负责。市、区两级海洋发展、城市管理、生态环境等部门抓好全过程督导工作,在抓好浒苔打捞、清理清运工作的同时,重点开展沾染油污浒苔清理处置工作监督检查,确保各流程环节符合环保工作标准要求。各作业船队继续配置指导员开展海上现场督导,保障海上作业规范、高效、安全。

四、做好"五个保障",确保各项工作顺利实施

(一)组织保障。浒苔应急处置工作关乎生态安全、关系城市形象,各成员单位要高度重视,切实加强组织领导,主要负责同志要亲自抓、分管负责同志要靠上抓。在各自部门内部成立相应工作专班,落实好属地管理责任、作业主体责任、部门监督责任,不断织密海域陆域网格,做到守土有责、守土尽责、守土担责。要提高协同性,部门间、区市间紧密配合、密切协作、步调一致,推动工作顺利开展。

(二)资金保障。强化人力、物力、财力投入力度,确保浒苔应急处置各项工作顺利开展。海域工作,要用好两个结算办法,明确参与溢油处置的作业渔船按照《海上渔船清污作业计量及奖惩暂行办法》结算,参与浒苔打捞的船只按照《2020年海上浒苔打捞计量和付费办法(暂行)》结算,并加强引导监督,提高渔民海上打捞和前端拦截积极性,减少浒苔上岸和混杂油污。陆域工作,要增加设置净污分类分拣场地、土壤防渗设施、渗沥液导排收集设施、异味消除药剂等方面投入,提高浒苔处置标准,满足生态环境保护要求。

(三)后勤保障。重点抓好卸港统筹工作,确保规范、有序、高效。

前海一线,市管海域浒苔打捞船只卸载,在综合处置平台"海状元号"上卸载。另外在沙子口渔港,安排8个卸港泊位和作业面,以备市管浒苔打捞船队在特殊情况下卸港使用。

崂山区浒苔打捞船只在沙子口渔港卸载,由崂山区提前安排4个卸载泊位和作业面。

西海岸新区打捞船只,在积米崖中心渔港卸载,由西海岸新区提前安排4个卸载泊位和作业面。

其他海域的浒苔打捞船只,由沿海区市政府安排卸港地点。

(四)安全保障。严格抓好安全管理和安全作业。日常停泊和避风安排为:前海一线浒苔打捞船只,日常在各自打捞区域附近抛锚停泊。遇特殊天气状况(7级以上大风),浒苔打捞船只需进港避风,由崂山区在沙子口渔港内、西海岸新区在薛家岛渔港内,分别划出区域安排市管海域浒苔打捞船只进入停靠避风。其他浒苔打捞船只,由沿海区市政府安排停泊、避风地点。

(五)舆论保障。加强正面宣传,合理引导社会关注和媒体报道点,配合媒体全面客观报道我市应对浒苔灾害采取的措施和工作进展情况,把新闻报道重心放在浒苔

来源生成的科普宣传和我市在浒苔综合利用方面的成功做法等方面,争取舆论宣传主动权。

根据浒苔处置工作需要,由新闻宣传组通过新闻发布会和情况通报会等形式,统一组织对外发布浒苔处置信息,任何单位和个人,不得擅自接受媒体采访,直接发布浒苔有关信息。同时,建立舆情应对机制,针对个别媒体的恶意炒作和不实报道,在第一时间进行回应,避免造成不良影响。

第四章

海上溢油污染事件与应急管理

近年来,随着我国国民经济的快速发展,海上石油运输量和海洋石油开采量持续上升,石油业和航运业快速发展,海上溢油风险不断增大,溢油污染事故频繁发生,对生态环境和海洋资源带来了巨大的威胁,同时也造成严重的损害,引起民众的广泛关注,进一步凸显了海上溢油应急能力建设的重要性和紧迫性。随着港口经济的发展,必须大力推进溢油应急反应体系建设,着力提升海上溢油应急反应能力,持续优化溢油应急反应工作的方式方法,科学有效处置辖区可能发生的溢油风险。

我国近年来海上溢油污染事件频繁发生,国家海洋局统计资料显示,我国沿海地区大概每周会发生两起溢油事故。近年来,国家加大油气开采力度也在一定程度上加剧了溢油事故发生。2010年7月,大连新港码头储油罐输油管线发生起火爆炸事故,部分石油泄漏入海,对附近海域造成严重污染。2011年6月,蓬莱19-3油田发生溢油事故,对附近海域造成了大面积污染,形成劣四类海水面积840平方千米。2018年1月的"桑吉"轮油船东海碰撞沉没事件对周边海域造成了严重生态影响。事故造成大量原油直接排入海中,对我国沿海海域生态环境影响甚大。我国经济社会快速发展对资源需求的扩大,拉动海洋油气勘探开采、海上船舶运输、港口码头作业等生产活动的迅速增长,由此导致海上溢油风险发生率增大,溢油污染事故增多。鉴于船舶污染事故,特别是溢油事故的严重后果,建立一套海上溢油应急反应体系,科学合理有效应对海上溢油风险,已成为全球共同关注的重大课题。

截至目前,欧美发达国家已经建立了一整套完善的应急组织指挥体系,并颁布了国家溢油应急预案。在实际应急中,红外/紫外扫描、激光探测、航空遥感监测、雷达和卫星遥感等先进监测技术得到了广泛应用。通过船机定点值班和定期巡航,基本实现了溢油全天候监测。此外,污染应急设备的技术水平不断提高,设备越来越完善。随着社会污染清理力量的不断发展壮大,一批专业化、高水平的污染清理公司逐渐成长为事故应急处置的骨干力量。我国还颁布了一系列法律法规或规范性文件,以提高船舶污染事故的应对能力。其中,2009年国务院颁布的《防治船舶污染海洋环境管理条例》要求:"沿海设区的市级以上地方人民政府应当按照国务院批准的防治船舶及其有关作业活动污染海洋环境应急能力建设规划,并根据本地区的实际情况,组织编制相应的防治船舶及其有关作业活动污染海洋环境应急能力建设规划。"2010年,中央机构编制委员会办公室下发了《关于重大海上溢油应急响应领导部门及职责分工的通知》(中编办〔2010〕203号),要求沿海地方人民政府"建立健全相关机制","负责本区域海上溢油应急响应的相关工作"。2016年,国务院发布了《国家重大海上溢油应急能力建设规划(2015—2020)》,这是我国第一个应对重大海上溢油事故的国家专项规划,对我国重大海上溢油应急能力进行了系统、科学的顶层设计。目前,沿海省市海上溢油应急能力建设计划已经发布实施或正在编制中。

　　本章在系统地梳理海上溢油事件应急管理的内涵特征及构成基础上,借鉴海洋溢油相关国际公约及国外处理溢油事件的经验,分析目前我国海上溢油应急反应体系建设过程中所存在的问题和困难。结合"顺锦隆"轮溢油事故,运用"4R"危机管理理论,提出了在"缩减力"阶段,配套立法完善组织管理体系,强化综合保障体系建设;在"预备力"阶段,创新风险防控机制,强化溢油应急演练工作;在"反应力"阶段,配备完善应急信息系统,强化应急反应的指挥协调;在"恢复力"阶段,健全事后恢复与评估机制,为有关部门在应对海上溢油事件、减少溢油风险和持久效应等问题上提出建设性意见和建议,有效应对海上溢油污染,保护海洋生态环境。

4.1　海洋溢油事件应急管理的内涵特征及构成

4.1.1　海洋溢油事件应急管理的内涵特征

1.海洋溢油事件

海洋溢油是指排入海洋环境(或河流)的油。OPRC公约(International Convention

on Oil Pollution Preparedness,Response and Co-operation,OPRC)关于油的定义是：任何形式的石油,包括原油、燃料油、油泥、油渣和炼制产品。我们所说的溢油主要指原油及其炼制品,并不包括动物油和植物油。

原油是多组分混合物。组成原油的基本元素为碳和氢,碳的含量为 80%～87%,氢的含量为 10%～15%。68%原油中饱和烃的含量超过 50%,其次是芳烃,但只有 4%原油中芳烃超过 50%,胶质、沥青质及可溶性石蜡含量较少。另外,原油中还含有一些微量金属元素,如镍、铁、铝、钠、钙、铜和铀等。尽管原油的基本组成元素都为碳和氢,但它们的物理特性相差很大。在溢油事故中,确定溢油类型及其理化特性是制定应急对策的重要因素。

海上溢油大体可以分为四类：一是轻油、挥发性油,二是非黏性油,三是重油、黏性油,四是非流动性油。

轻油、挥发性油的典型油种是柴油和轻原油,流动性高,挥发率和扩散率高,有强烈气味。

非黏性油多是含蜡量高的油,油腻但无黏性。

重油、黏性油的典型代表是残燃料油,具有黏滞性,很多情况下比重大于水,可能下沉。

非流动性油包括残油、重原油、某些石蜡高蜡原油,它们在固态时基本无毒,但遇高温天气可能融化,污染周边水域。

溢油在海上要经历扩展、漂移、蒸发、分散、乳化、溶解、光氧化、生物降解及其相互作用的复杂过程,会导致海洋鱼类、鸟类、海藻和海洋哺乳动物的大量死亡,给水产养殖、滨海旅游和海洋生态环境带来长期影响。

2.海洋溢油污染的主要危害

原油及其炼制品是复杂的化学混合物,它们不仅具有火灾和爆炸危险,而且还对人体有害,当溢到海面上或河流中会造成水体污染,给水生物带来危害。溢油灾害的影响大小还要看事发海域的情况,如果靠近人口密集区、重点经济区或生态敏感区,其危害更高。

溢油危害可分为健康危害和环境危害。

健康危害：油对健康的危害最典型的是苯及其衍生物,它们可以影响人体血液,长期暴露在含有这些物质的环境中,会造成较高的癌症发病率(特别是白血病）。这种危害主要是来源于新鲜油，对已风化的油来说，这种危害性已大大降低。苯及其苯类物质对人体危害的急性反应症状有味觉反应迟钝、昏迷、反应迟缓、头痛、眼睛流泪等。

环境危害：油本身具有毒性，进入海洋后对海洋环境的危害也是多方面的。从自然环境到野生动物，从自然资源到养殖资源等都会受到不同程度的危害，并且这种危害的周期往往是很长的，因此溢油事故发生时，应立即采取应急措施保护这些资源。

3.海洋溢油应急管理的内涵

海洋溢油应急管理，从广义上讲，是通过海洋溢油应急计划来体现的，主要包含反应战略和反应行动等要素；从狭义上讲，是指有计划、有步骤地针对溢油事故采取迅速有效手段，比如控制、清除、恢复等措施，以控制和减少溢油对环境的污染危害。

海洋溢油事件应急管理除了具备普通应急事件的特征以外，还具有其特殊性。溢油事故的危害性之强、海上处理之难、生态环境破坏之深以及国民生命财产损失之大，都是其他应急事件所不具备的，因此海洋溢油事件有特有的内涵和特征。

应急管理原则展现出来的特征即应急管理机制特性，是客观存在与主观意见相统一、抽象性和具体性相结合，以及系统性的具体显现。

客观性是指机制本身并不以人们的意志为转移，是客观存在的，同样机制运行的整个过程和效果等也是客观的。主观性是指人们可以按照其规律、特征以及主观意愿设计机制，使机制能够按照设定的运行规律运行，进而实现既定目的。

系统性是指应急管理机制依赖于系统存在，而不是独立于系统就能够发挥作用。各种管理机制互相交织而构成网络型系统，系统中各种要素相互影响相互作用后形成机制结果。同时，机制系统性的另一方面表现为管理功能上的关联性，也就是说系统结果是一定程度上机制对系统结构和功能产生的反馈。

机制具有抽象性，即我们发现的只是机制的结果而非本身。机制是驱动事件发展的动力，结果是机制的具体表现，两者具有一定程度上的因果关系，这种因果关系仅仅作为机制运行环节中的某个部分。而针对海洋溢油应急管理，有其典型的特征：

（1）时效性强。海洋溢油事件的特点决定了应急管理的时效性、急迫性，污染面积大、处理难度高和危害性强等特点要求海上溢油应急管理要加强预防，尽量做到溢油实时监测监控，在溢油事件发生初期早发现早处理，采取迅速有效的措施控制溢油事件恶化，防止污染范围扩大。

（2）涉及面广。海洋溢油事件影响面广,涉及海洋、海事、渔业、石油勘探、交通等多个部门,面对溢油事故,多个部门需要统一行动,服从海洋溢油应急指挥中心统一指挥,发挥合力,协调各部门的利益关系和工作部署,共同应对危机。同时,海上溢油应急管理具有全面性和综合性,需要全面评估溢油对各个领域的影响,统筹考虑,将溢油事件应急管理作为综合性的统一体,采取相关领域的预防、处理和修复措施。

（3）影响久远。石油污染除了对海洋生物的影响即时显现以外,对海洋生态环境的影响久远,也更具危害性。海洋生态环境受到污染后,经过一段时间才能显现出溢油事件的影响和危害,并且后续影响积累的破坏程度要比前期污染更大。因此,海洋溢油应急管理应具有持续性,后续工作包括对海水质量的跟踪监测,海洋生物的繁殖影响分析,相邻海域渔业产量的影响分析以及生态损害评估和生态损害相应的诉讼与赔偿工作。

（4）专业性强。海洋溢油处理需要专业手段,因此应急管理具有一定的技术性,主要体现在设备和技术人才的专业性。海洋溢油应急管理要加大科技投入,及时更新先进设备,吸收专业人员,提高溢油处理的效率,并对相关人员开展技术培训,为海洋溢油应急管理提供技术支撑和保障。

海洋溢油事件应急管理牵涉政府部门、企业和群众等多方面利益,海洋溢油事件的应急管理首先要明确主体和客体,明确权责,提高应急管理成效。

海洋溢油污染处理难度大,需要各方面做出努力,其中政府部门必须积极主动发挥其主导作用,高效协调和集中社会有关力量共同应对溢油事件。海洋溢油事件的处理中应急管理的主体为政府,政府机构要调动各方面的积极性,组织和协调相关部门来处理海洋溢油事件。同时,海洋溢油应急管理主体并不能局限于政府机构,而应该号召企业和个人参与其中,形成第三方应对组织,凭借民间的丰富资源和灵活的管理模式,在应急救援中发挥越来越显著的作用,使管理成本明显下降,应急管理效率显著提升。所以,海洋溢油应急管理的核心主体为政府相关部门以及企业和个人等第三方组织。

我国海洋溢油应急管理中的客体是从事海洋活动的个体,主要指其行为对海洋环境或者社会及他人造成不好的影响,在此特指涉及海洋溢油事故中的个体,作为海洋溢油应急管理的客体被纳入管理。

4.1.2 海洋溢油应急管理体系的构成

海洋溢油应急管理具有时效性强、涉及面广、影响久远和专业性强的特点,其应急管理主体是政府,应急管理客体是涉海个体。因此,海洋溢油应急管理体系主要由决策系统、辅助决算系统、执行系统、保障系统四部分组成,政府部门主要负责组织协调和监督保障等管理工作,保障溢油应对工作的圆满完成。

(1)决策系统。决策系统是海洋溢油应急管理体系中最为核心和关键的部分。受海洋溢油事件突发性和紧迫性影响,应急管理决策必须具备时效性和准确性,能否在有限的时间内做出快速有效的反应是衡量决策系统是否有效的主要标准。

(2)辅助决策系统。辅助决策系统主要用于辅助和服务决策系统,它由两部分组成:一是参谋机构,主要由专家等技术人员构成,为决策提供专业技术支撑。二是信息机构,主要为参谋机构和管理层提供评估材料等,负责对海洋溢油事件相关信息的收集、分析和处理。

(3)执行系统。执行系统是应急管理体的主导部分,直接负责处理海上溢油事件相关事务,它主要承担着应急管理系统中对突发事件的预防和处置工作。

(4)保障系统。保障系统是整个应急管理体系的基础条件,在应对海洋溢油事件时为其他子系统提供人力保障和物质支持,包括资源的准备和储存、设备的更新与维护等。

4.2 海洋溢油应急相关国际公约

海洋受风浪、海流的影响,即使发生在单个国家海域内的油污染,也往往会因海洋流动的特性而影响到其他国家。因海洋油污染问题具有国际性,通过国际公约的签署,抓住时机,建立海洋油污应急处理机制,能够更快地减少损失,也使得受油污损害者能够及时获得赔偿。

海洋溢油事件一旦发生,往往给周边海域生态环境造成毁灭性打击。当海洋油污染意外事故发生于各国的领海区域时,各国需要依照国内法规定,采取合理的紧急应对措施。但当海洋油污染事件发生在或流动至各国领海海域之外时,相邻的国家也需要有合法的公权力来采取措施,以尽最大可能避免损失。

《1969 年国际干预公海油污事故公约》(International Convention Relating to Intervention on the High Seas in Cases of Oil Pollution Casualties,1969)对海洋油污染事件紧急应变提出了初步架构。1982 年第三届海洋法会议将"海洋环境保护与保全"纳入联合国海洋法公约中,确认国际由于船旗国、沿海国角色不同,对油污染事件应采取不同的反应措施。《1990 年国际油污防备、反应和合作公约》(International Convention on Oil Pollution Preparedness,Response and Co-operation,1990,OPRC)是有关重大海洋油污染事件的全球合作架构,为国际合作处理海洋油污染事件提供规范。

4.2.1 《1969 年国际干预公海油污事故公约》

1967 年 3 月 8 日利比里亚籍油轮 Torrey Canyon 在航行经过英国西北海岸时触礁,船上的 8 万吨原油由于救助作业失误流入海洋造成污染,使得英国及法国海岸均受该污染的影响。英国政府在救助活动中,动员大批器材以及人力,仍无法有效控制海上油污染的扩散,于是派遣航空器喷洒化油剂以清除海上浮油。

该事件后,发生的新问题是当公海发生油污事故时,相邻的国家能否对海洋溢油污染采取控制措施。该问题也催生了 1969 年《民事责任公约》的建立。该公约共 17 条,明确地规定了沿海国对海上溢油事件在公海上采取措施具合法性,并不违反公海自由的原则。

关于应急管理措施,1969 年《民事责任公约》第一条的预防原则中规定,公约各缔约国,在发生海上事故或与之有关的行为后,如能有根据地预计到会造成很大的有害后果,则可在公海上采取必要的措施,以防止、减轻或消除对其沿岸海区或有关利益产生严重的和紧急的油污危险或油污威胁。

在本公约范围内,"海上事故"是指船舶碰撞、搁浅或其他航行事故,或是在船上或船舶外部发生对船舶或货物造成物质损失或紧急威胁的事件。沿岸国根据第一条规定行使采取措施的权力时,应依照下列各项规定:

（1）在采取任何措施之前,沿岸国应与受到海上事故影响的其他国家进行协商,特别是与船旗国进行协商。

（2）沿岸国应尽速将拟采取的措施,通知它所知道的或在协商期间得知的估计其利益会受到这些措施影响的任何自然人或法人。沿岸国应考虑他们提出的任何意见。

（3）在采取任何措施以前,沿岸国可与没有利害关系的专家们进行协商,这些专家应从本组织保存的名单中选出。

（4）倘遇有需立即采取措施的非常紧急情况,沿岸国可不须事先通知或协商,或不继续已开始的协商,就采取为紧急情况所必需的措施。

（5）在采取这种措施之前和在执行过程中,沿岸国应尽最大努力避免任何生命危险,并对遇险人员提供他们需要的帮助,以及在适当情况下,提供遣返船员的便利,而不是制造障碍。

（6）按第一条规定已经采取的措施,应迅速通知有关各国和已知的有关自然人和法人,并通知本组织秘书长。

4.2.2　1982 年《联合国海洋法公约》

《联合国海洋法公约》(以下简称《公约》)前言即开宗明义点出该公约宗旨,缔约国间应本着相互谅解与合作的精神,解决与海洋法有关的一切问题,并认识到本公约对于维护和平、正义,促进全世界人民进步做出重要贡献的历史意义。在顾及所有国家主权的情形下,为海洋建立一种法律秩序,以便利国际交通,促进海洋的和平用途,海洋资源的公平有效利用,海洋生物资源的养护以及研究、保护和保全海洋环境。

《公约》第 192 条规定,各国有保护和保全海洋环境的义务,并将该公约前言之旨予以明文。第 194 条规定,各国应在适当情形下,个别或联合采取一切符合本公约的必要措施,防止、减少和控制任何来源的海洋环境污染,为此目的,按照其能力使用其所掌握的最切实可行的方法,并应在这方面尽力协调它们的政策,落实《公约》的预防原则。

《公约》第 199 条规定,在制定消除污染的紧急应变计划中,各国应依其能力,与各主管国际组织进行合作,以消除污染对于环境的影响并防止或减少其损害。此条文使各缔约国有拟定海洋污染紧急应变计划的义务。

《公约》第 200 条、第 201 条规定，各国有义务进行合作，以促进关于海洋污染的研究工作，实施科学研究方案并鼓励信息和资料的交流。各国有积极参加区域性和全球性紧急应变方案制定及相互合作的义务，以取得有关鉴定污染的性质、范围，面临污染的情况、污染通过的途径，以及危险、补救办法的知识，以订立适当的科学方法，用于拟定和制定防止、减少和控制海洋环境污染的规则、标准、建议、办法和程序。

《公约》跳脱各国单独面对海洋污染的思维，鼓励各国进行区域性甚至全球性跨国合作，以加强各国抵御海洋污染的能力。第 202 条规定对发展中国家进行科学和技术援助，包括对发展中国家的科学、教育、技术和其他方面援助的方案，以保护和保全海洋环境，并防止、减少和控制海洋污染。援助应包括：(1)训练其科学和技术人员；(2)为其参加有关国际合作方案提供便利；(3)向其提供必要的装备和便利；(4)提高其制造这种装备的能力；(5)就研究、监测、教育和其他方案提供意见并发展设施；(6)提供适当的援助，特别是对发展中国家，以尽量减少可能对海洋环境造成严重污染的重大事故的影响；(7)提供关于编制环境评价的适当援助，特别是对发展中国家。

根据《公约》第 204 条、第 205 条，各国在实际可行的范围内，应以公认的科学方法观察、评估、分析海洋环境污染的危险与影响，并将报告提供给所有国家。海洋污染范围的评估依赖科学方法，而其结果应由各缔约国共享，以提升各国关于海洋污染评估与排除的能力。

联合国宪章第 2 条第 3 款规定，无法解决的任何争端可以通过国际法院、国际海洋法庭、国际仲裁法庭或特别仲裁法庭加以解决。又依据《公约》第 287 条，特别仲裁法庭仅接受划界案、渔业、保护和保全海洋环境、海洋科学研究与航运等争端，其中包括来自船舶所造成的污染。

综上所述，1982 年《联合国海洋法公约》建立了一套有直接拘束力并具备执行效力的海洋环境保护制度，且呼吁各国撰拟和执行处理具体问题的详细规定。该公约可作为一个统一的框架，其下可包括多种海洋环境保护更详尽的国际协定，要求所有缔约国家调和国内措施，定期审阅该公约规定，以第 237 条规定确定该公约与其他保护和保全海洋环境文书的关系，要求其他公约，无论是 1982 年前或之后制定的，都要符合《联合国海洋法公约》的规范。

4.2.3 《1990 年国际油污防备、反应和合作公约》

有鉴于油污染事故的严重性,为防止船舶造成海洋油污染事件发生,以保障海洋环境永续发展,联合国以及国际海事组织(International Maritime Organization, IMO)相继制定了国际性公约。由于相关国际公约规制,20 世纪 80 年代重大溢油事故相较于 70 年代有减少的趋势。

1989 年在阿拉斯加威廉王子湾发生了"埃克森·瓦尔迪兹"号油轮触礁导致海洋油污染事故,此一事故凸显了国际缺乏有效的油污染处理、合作机制的问题。

美国基于处理油污染的经验,在 1989 年巴黎主要工业国家高峰会上,提出了一份海上油污染事件国际合作应变计划建议书,促使各主要工业国家呼吁 IMO 制定防止船舶油污染的规范。

IMO 于 1990 年 11 月 19 日至 30 日于英国伦敦召开会议,由 90 个会员国家代表共同制定通过《1990 年国际油污防备、反应和合作公约》(International Convention on Oil Pollution Preparedness, Response and Co-operation, 1990, OPRC, 以下简称 1990 年 OPRC 公约),针对重大海洋污染提供事前防范(船舶设置油污染应变计划),事故发生时的反应系统与灾害防治,事后整治的区域性、国际性合作途径的原则性规定。

1990 年 OPRC 公约于 1995 年 5 月 13 日正式生效,该公约认为海洋油污染事故会对海洋环境造成严重损害,基于保护海洋环境的必要性,需有预防海洋油污染的措施,且于海洋油污染事件一发生就应有防止其扩大的机制。该公约对于避免油污染扩散、重大海洋溢油污染提供国际合作框架,其重要规定简介如下:

1990 年 OPRC 公约规定适用于各类船舶、近海装置、港口、装卸油品的设备。第 1 条第 3 款将军舰、海军辅助船和非商业目的的政府船舶排除在外。

1990 年 OPRC 公约第 1 条第 2 款定义"油污染事故"时,认为油污染事故是指同一起源的偶发或一系列造成或可能造成油的排放,对海洋环境或一个或多个国家的海岸或有关利益构成或可能构成威胁,需要采取紧急行动或迅速反应措施的事故。

因 1990 年 OPRC 公约旨在预防海洋油污染的发生,因此对于油品的定义采取最大范围,而依据该公约,一旦发现溢油状况,不论其性质为持续性还是非持续性,均应迅速向有关单位报告,以防范污染扩大。

1990 年 OPRC 公约规定会员国应要求有权悬挂其国旗的船舶、管辖区域内港口、石油处理机构及岸上设施,建立污染应变计划以及发生油污染的报告程序,船舶依规定必须具备《船舶油污染紧急应变计划》,凡总吨数 150 t 以上的油轮及总吨数 400 t 以上的其他船舶,均需备有主管机关批准的船舶油污染紧急应变计划。

每一缔约国应要求其管辖的近海设施营运人备有油污染紧急应变计划,并与国家系统的紧急应变计划相协调,由国家主管机关核定。

每一缔约国应要求其管辖海港和油品装卸设施的当局或营运人备有油污染紧急应变计划或类似计划,由国家主管机关核准。

每一缔约国应建立对油污染事故采取迅速和有效的响应行动的国家系统,包括紧急应变计划、各种公共和私人的组织关系等。

因不同船舶、设施等各自需求的紧急应变程度不同,本公约要求各单位均应备有各自的紧急应变计划。

1990 年 OPRC 公约中,有关油污染事件通报程序分为油污染事故报告及针对该污染的应对行动。要求缔约国保证其所属船舶、近海设施、飞机、海港、油类装卸设施等,一旦发生油污事故,应以公约规定的程序向最近沿岸国家主管机关报告,而当事国主管机关收到通报后,应尽快评估油污事件的性质、范围、可能影响等,以便准备适当响应措施,及时通知利益已受到或可能受到影响的国家。若事故影响程度严重,则缔约国应联系地区组织做出适当安排,并将所采取的措施及现场状况通报给国际海事组织(IMO)。

1990 年 OPRC 公约规定缔约国应依 IMO 规范制定海洋油污染的国家紧急应变计划,并建立对油污染事故采取有效的响应行动的国家系统。其具体的行政体系应包括:(1)指定负责油污染事故的国家主管机关;(2)指定负责处理油污染事故的联系单位;(3)指定有权代表该国请求援助或决定依请求提供援助的机关。

缔约国应通过国际双边或多边合作机制,与航运业者、石油业者、港口等进行合作。缔结国际合作的目的在于促进国际互助、资源共享以及共同维护海洋环境。

在油污染事故发生时,如可能受到油污染事故影响的缔约国提出对排除污染的人力或物力请求时,缔约国之间应提供协助,使各国之间处理油污染的力量得以迅速整合,以应对海上油污染事件,降低对环境的冲击。

4.3 国外溢油事件应急管理制度简介
——以美国、加拿大为例

4.3.1 美国溢油事件应急管理制度

美国关于海上油污防治的法律主要包括 1924 年的《油污染防治法》、1948 年的《联邦水污染管制法》、1978 年的《国家污染计划法》、1980 年的《船舶污染防治法》和《1990 年油污法》(Oil Pollution Act 1990,简称 90 油污法,OPA 90)。1989 年 3 月 24 日,美国"埃克森·瓦尔迪兹"(Exxon Valdez)号油船在阿拉斯加威廉王子湾搁浅,造成海域严重污染和巨大经济损失。在这一背景下制定了 90 油污法。90 油污法虽不是国际公法,但对油污损害规定了船东、经营人和光船租船人的严格责任和义务,对油船和其他各类船舶设计和安全提出了严格要求。

1989 年 3 月 24 日,"艾克森·瓦尔迪兹"号油轮在阿拉斯加威廉王子湾发生严重搁浅溢油事件,因事故发生地为鳟鱼、海水獭、海豹、海鸟栖地,又为鲑鱼、黑鳕鱼渔场,除污染损害外,更造成严重生态影响及渔业损失,且污染后,休憩观光活动大受影响,可称是美国国内最严重的原油泄漏事故。此事故后,美国国会在 1990 年修订通过《油污染防治法》(Oil Pollution Prevention Act of 1990,以下简称 OPA),集《油轮安全的要求标准》《泄油之应急和反应行动》《油污责任》及《赔偿严格责任》为一体,范围包括预防、应变处理、责任归属和赔偿制度等,不但在船舶建构、船员许可、意外事故处理方式设新规定,亦扩大联邦政府对原油运输业者设限制权力,增加罚款金额。

OPA 立法目的在于处理海事运输造成油污染事故的争议,包含预防、责任及赔偿,因此需先确定该法案中关于油类、船舶、责任主体、油污损害及地理区域的概念内涵及范围。

1.重视事前防范措施

(1)油轮船体结构、设备的标准

OPA 对船东影响极大的规定是第 4115 条制定了对油轮双层船身(船壳/船底)的要求,并分阶段逐渐采用。在 1990 年 6 月 30 日以后签订建造合约的新船必须为双层船底;现有的油轮根据船舶大小、船龄等因素,从 1995 年开始,应改装为双层船底;至 2010 年所有油轮都要为双层船底,但已具有双层底或双层船板的油轮可延至 2015 年。

适用的船舶包括美国籍液货船,以及在管辖的可航水域(navigable waters)或专属经济区(exclusive economic zone)运输油料或散装危险品的船舶。检查任务由海岸防卫队担任,违反的罚则为美金 1 万元以下罚款或 2 年以下有期徒刑,或两者并罚。

此种由国家强制立法要求船舶需有双层船底的规定,对国际航运界产生相当大的冲击,其效益如何,日后是否影响外国油轮或散装液货船派船至美国的意愿,仍有待观察。

虽 OPA 强制美国籍船舶及航行在该国海域的油船需有双层船底,但双层船底船舶仍有其安全上的瑕疵,因为双层船底结构虽能减少小规模搁浅所造成的油污染风险,但由于外壳破裂造成浮力损失,可能使沉船很难再次浮起,从而导致在船舶获救之前,破裂反而更不易补救;且双层船底船舶的火灾和爆炸发生率也比单层船底船舶高。因此,美国运输部亦委托美国国家科学院(National Academy of Sciences, NAS)对新的船体结构方案进行研究,研究"中间甲板设计"(mid-deck design)能否在提高船舶安全性的前提下,与双层船底结构具有同样减少污染的效果。

(2)对油轮人员配置及船员训练要求更为严格

OPA 明确规定,海岸防卫队将评估航行至美国的外国船舶船员配置、训练、资格等,外国船员发证的标准必须至少相当于美国法律或美国所接受的国际标准,如果没有达到此一标准,则可以禁止其进入美国管辖水域。但有两种例外情形:第一,船舶所有人或使用人已令运输部满意,船舶并无不安全的顾虑且对海洋环境亦无威胁;第二,船舶进入为船舶或船上人员安全所必需。

另外,拜航海科技之赐,今日商船航行实施自动舵导航(auto pilot)与定时机舱无人操控(periodically unmanned engine room)已成普遍,但着眼于油轮事故对生命财产与海洋环境所造成的危险性,OPA 对油轮可使用自动舵导航及实施机舱自动操控的情况设有限制。要求油轮、离岸设施或陆上油装卸设施应携备响应计划,在1992年6月18日以后,皆需携备"响应计划"(response plan),此计划需经海岸防卫队认可。

2.美国海洋油污染紧急应变机制

《美国油污染紧急应变计划》规定于联邦法典第 300 部《国家油类与有害物污染紧急应变计划》(National Oil and Hazardous Substances Pollution Contingency Plan,NCP)中,要求由环境保护署、海岸巡防署、联邦灾害应变管理署、国防部、经济部、农业部、商业部、健康保护部、司法部、劳工部、运输部、国务院、核管制委员会等,分别制定联邦油污染紧急应变计划及应变作业的程序。主要内容有:

(1)应变层级

《美国油污染紧急应变计划》将应变层级区分为国家、区域及地区三级,除成立国家应变组(National Response Team,NRT)、区域应变组(Regional Response Team,RRT)外,州政府、地方政府、油业企业、港口终端及船舶均应制定紧急应变计划。择要分述如下:

①国家应变组

国家应变组位于海岸防卫队总部,负责国家油污染应变计划的规划,平时由环境保护署(EPA)及海岸巡防署(USCG)代表担任(副)主管人员,应变作业期间,支援现场协调员(on-scene coordinator,OSC)及补救方案管理员(remedial project managers,RPMs)所需的人力及资源。

国家应变组的责任如下:

a.评估处理泄油灾害的应变方法,并视需要修正国家油污染应变计划及应变组织架构。

b.提供区域应变组所需的政策方针与作业指导。

c.建议相关单位训练现场处理人员,采购所需装备,建立应变组织及进行有关技术研究,以提升其应变能力。

国家应变组平时规划执行的工作如下:

a.规划超越各区域应变组能力的大型油污灾害处理措施。

b.就各地方应变计划所需响应与执行事项,编制出版指导手册。

c.审核区域应变组呈报的最新灾害报告。

d.执行"国家协调计划",以协调各相关部门间的计划与应变互援。

e.深入了解国家应变组内各单位所进行的研究事项,并加强相互间的协调,避免研究工作重复。

f.设计有效的联络流程,以有效统合联邦、州、地方及民间单位的应变能力。

g.就采取应变措施人员的技术训练与协调工作编定参考准则。

h.定期审核各区域应变计划。

国家应变组在下列状况下,即转变为紧急运作状态:

a.当油品或危险物质泄漏数量超过各区域的应变能力时,或意外灾害发生在不同区域边界时,或意外灾变将严重影响大众健康福祉及该灾变对生态会造成重大影响时。

b.当国家应变组的委员提出要求时。

处于紧急运作状态下的国家应变组,需遵照主席指示与要求开展以下工作:

a.查核并评估来自现场协调员的报告,并通过区域应变组,促使现场协调员采取适当的灾害处理步骤。

b.请求各联邦、州或地方单位及私人团体提供灾变处理设备及有关人员,用以消除污染。

c.协调其他区域调用人员与设备,支援发生灾害的区域。

国家应变组依地理性质,于1973年成立太平洋区和大西洋区两个抢救队,抢救队队员由有经验的成员组成,24小时值勤,并配备支援现场协调员,配置响应美国境内水域油外泄事件所需的水面油污截流与回收系统、输送油与化学物所需的高容量泵、化学防护衣,大部分的工具可用卡车载运。

②区域应变组

区域应变组负责各辖区内应变计划的规划、协调与应变措施的审核,联邦政府、州政府及地方政府均应派代表参与区域应变组。区域应变组需提供适当的规划架构,借以增强各单位的应变能力。在意外灾害发生时,区域应变组有责任提供现场协调员(OSC)及补救方案管理员(RPMs)所需的协助与建议。

现场协调员由海岸防卫队或环保署依国家紧急应变计划任命,负责搜集外泄源、原因及外泄肇事单位资料;同时也确定外泄对人体健康的影响,以及是否对环境构成显著影响。

当现场协调员收到油外泄报告时,应采取下列行动:

a.立即通知国家应变组及区域应变组。

b.进行相关调查,如民众健康与环境危害情形。

c.正式依油外泄量(排放量)分类,以决定所需采取的措施。

d.判定外泄者是否适当地采取清除作业。

e.判定州政府或地方政府有无能力进行响应行动。

f.在一项重大油外泄事件发生60天内,现场协调员需向区域应变组呈报说明该次外泄作业所采取的措施。

国家油污染应变计划要求区域应变组需以"平时状态""运作状态"两种状态存在:

平时状态区域应变组的职责为规划该区域的应变计划,协调该区域内各单位工作人员的训练,并建立联络渠道等。环保署及海岸防卫队代表在平时状态时,均担任区域应变组的副主席。平时状态的区域应变组工作如下:

a.审核"地方意外处理委员会"所提出的地方应变计划,并提供改进建议。

b.评估其辖区内之"区域级"与"地方级"应变能力。

c.依据实际运作应变体系的经验,向国家应变组提供意见,供修改国家应变计划参考。

d.审核评估现场协调员执行工作的能力。

e.预先制定各种化学处理剂及生物处理剂的使用计划。

f.督导责任区内各应变单位的训练及演习。

g.建立处理大型泄油及危险化学物质溢泄措施体系,并具备跨区作业能力。

h.至少每半年开会一次,以审核该期间区域内各项应变措施,并考虑修正各项应变计划。

i.每年向国家应变组提供2次报告,报告内容需包括最近的活动、组织的变动及所辖各单位的协调等。

当发生意外灾变时,区域应变组可视需要立即由平时状态转变为运作状态。

区域应变组在下述状况时,即需转变为运作状态:

a.当意外灾害泄漏油污大于现场协调员的处理能力时。

b.当灾害发生在各州边界时。

c.灾害可能对民众健康及福祉或生态造成显著影响时,或对该区域的人民财产造成明显伤害时。

d.区域应变组可在现场协调员或区域应变组委员要求下转变为运作状态。

在运作状态下的区域应变组内的各单位代表,必须依照主席指示开展以下工作:

a.查核并评估灾情报告,提供给现场协调员有关灾区污染处理的建议。

b.请求其他联邦、州及地方政府或私人团体提供协助。

c.协助现场协调员对大众发布消息并与国家应变组联系。

d.提供区域应变中心所需的必要设备及人力。

(2)通报系统

设于海岸巡防署的国家应变中心(National Response Center,NRC)为美国唯一的联络中心,美国所有的油污意外灾害事件均需向此中心报告,如果通知国家应变中心有实际困难,也可以通知该外泄地区的海岸巡防队,再尽快通知国家应变中心。同时,国家应变中心亦为国家应变组的联络中心。当国家应变中心接获溢油灾害报告时,须立即通知当地的现场协调员,并通知相关联邦政府单位;若泄油灾害将造成严重灾难,须立即告知联邦意外规划署,通报系统所需的各项器材及专业人员均由海岸巡防队负责提供。

在应变作业期间,现场协调员及补救方案管理员应搜集油污染事故相关资料并予以评估,对有发生重大灾害的危险时,应立即向联邦灾害应变管理署(FEMA)提出报告;可能影响民众健康时,则应同时通知联邦行政区域的区域应变组所属健保局代表。另外,现场协调员及补救方案管理员应与相关联邦、州、地方、私人等协调应变行动措施,并定期向区域应变组和其他支援机关报告作业进展情形。

(3)支援组织

海岸巡防队与海军于1980年签署协议书,同意海岸巡防队在进行海洋溢油污染防治时,可以向美国海军海上系统指挥部海军救难督导申请油污染应变及船舶救难工具的支援,海军的政策是通过海岸巡防队的现场指挥员提供支援,而不是直接向民间单位提供泄油应变设备。

由于OPA规定油轮、炼油厂、油田及离岸海域钻油平台等设备拥有人或经营者必须具备经由海岸巡防队所认可的"溢油应变计划",并且必须拥有可执行该应变计划所需的作业人员与装备,因此65家油品生产、运送及销售等公司组成"海洋保护协会",成立非营利性的"海洋溢油应变公司",为会员处理大规模灾难性溢油事件提供帮助。

4.3.2 加拿大海上溢油应急反应体系

1.缩减力、预备力阶段

加拿大在应急反应工作中实施三层管理级别：联邦、州和地方（社区）。联邦紧急事务办公室设在国防部，州和当地的应急管理部门将视当地的具体状况而独立或联合起来，其职责包括组织、执行、训练和演习。在海上溢油事故的应急反应情况下，在各级应急事务管理机构下设溢油应急响应中心，负责组织协调指挥溢油应急处置工作。加拿大溢油应急反应组织由运输部、海岸警卫队、环境保护部等多个部门组成。在这方面，交通部门的工作重点是制定有关的法规和工作机制，并对溢油的处理进行指导。海岸警卫队是联邦监督员或现场指挥官，它的职责是负责协调海上溢油应急反应工作，提升国家溢油防备能力。环境保护部主要提供有关保护海洋环境和海洋生物资源的建议。加拿大针对不同类型的紧急情况，建立了多支专业的应急救援团队。在溢油事故方面，加拿大还成立了专门的溢油事故应急小组。另外，加拿大海事局对溢油事故应急专业技术人员的资质认定十分重视，要求他们必须学习有关专业技术和理论，熟悉有关操作技术，并通过考试获得相应的技术证书，定期进行溢油事故应急训练，参加溢油事故应急演练。加拿大海事局还积极组织和发展溢油事故应急志愿者，加大对溢油事故的宣传和培训，取得了较好的效果，对海上溢油的应急处理起到了很好的促进作用。

2.反应力阶段

加拿大政府十分重视溢油应急技术与应急设备的建设，大力发展和推广溢油污染高新技术，为各层次专业化溢油应急队伍配备了采用大量高新技术的溢油应急处理装备，为高效处置溢油污染事故提供了重要的技术和装备支持。同时，溢油污染监控体系的不断完善，也为溢油事故的快速响应提供了信息支持。

研究发现，美国等西方发达国家海上溢油应急反应组织指挥体系相对完善，相关单位职责清晰，管理明确，可以高效快捷地协调海上溢油应急资源和应急设备，在设施建设和溢油应急队伍建设等方面有丰富的管理经验。对此可以通过系统分析，获得提升我国溢油应急管理能力的启示和借鉴。

4.4 我国海洋溢油应急管理

随着全球海洋石油开发规模的不断扩大以及石油海运的迅速发展,每年在开采、炼制、贮运和使用过程中进入海洋环境的石油及其制品达到 1000 万～1500 万吨,约占世界石油年产量的 5%,其中由船舶运输和近海石油生产导致的泄漏占 46.7%。近年来,国内外发生了多起海洋溢油事件,造成了严重的生态破坏、经济损失和社会影响。

4.4.1 我国海洋溢油事故应急管理组织体系

我国海洋溢油事故应急管理组织体系(图 4-1)的主体框架由三个单元组成,即溢油事故应急管理领导小组、溢油事故应急管理专家小组和溢油事故应急管理支援小组。目前溢油事故应急管理领导小组主要由政府职能部门和海上搜救中心共同组成,领导小组的总指挥由职能部门领导兼任,常务副总指挥由海事部门领导兼任。溢油事故领导小组的主要工作任务是应急任务分配和管理指挥工作,主要包括组建现场指挥小组,负责溢油事故应急管理、分配、协调和组织等工作。溢油事故应急管理专家小组的主要职责是辅助领导机构进行工作,对领导机构的组织管理提供技术支持。通常由溢油事故的防治领域、渔业生产领域、海事领域、气象领域、环境保护领域、公共安全领域和民生保险领域等专业人士组成。溢油事故应急管理支援小组的主要职责是为溢油事件应急管理提供必要的物资和人力支撑,其中主要力量由当地驻兵部队、公安武警支队、进出口检验检疫局、民航运输部门和国内外志愿团体组织共同组成。

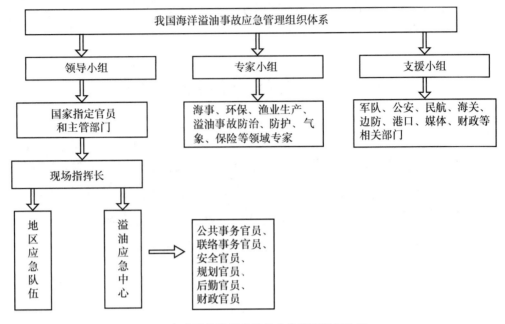

图 4-1　我国海洋溢油事故应急管理组织体系

4.4.2 我国海洋溢油事故应急管理法律与预案体系

1.海洋溢油事故应急管理法律

整体而言,相较欧美国家完备的应急管理法律法规体系,我国的应急管理法律体系相对落后。因此,专门针对海洋溢油事故的应急管理法律法规体系制度也有待于进一步建设和完善。2007 年 11 月 1 日《中华人民共和国突发事件应对法》正式颁布实施,首次阐释应对危机事件的理念、目标、组织和灾害应对规划,并对危机事件的监控预警、处理救援、恢复重建等工作做出相关规定。

《中华人民共和国海洋环境保护法》(简称《海环法》)是我国海洋环境保护领域的综合性法律,于 1982 年通过,1999 年进行了第一次修订,并于 2013 年、2016 年、2017 年先后进行了三次修正。

1999 年《海环法》第一次修订中就引入了船舶油污损害民事赔偿责任制度。再加上《防治船舶污染海洋环境管理条例》《中华人民共和国船舶油污损害民事责任保险实施办法》《船舶油污损害赔偿基金征收使用管理办法》等法规及规章的陆续出台，油污损坏赔偿法律制度发展日趋成熟，有效促进了我国海洋环境保护和海洋运输业持续健康发展。《海环法》中对海洋领域应对危机事件进行解释和规定，着重对海洋危机中事前的监控和预警、事件中的紧急处理和救援以及事后的恢复和重建工作等明确了责任主体和权责范围。2019年《交通运输部关于修改〈中华人民共和国船舶污染海洋环境应急防备和应急处置管理规定〉的决定》中对提高船舶污染事故应急处置能力，控制、减轻、消除船舶污染事故造成的海洋环境污染损坏提出了更高的要求。

我国海洋溢油应急法律体系以《中华人民共和国宪法》为依据，由《环境保护法》《海洋环境保护法》《突发事件应对法》《海上交通安全法》《突发环境事件应急预案》《中国防治船舶污染海洋环境管理条例》《海洋石油勘探开发溢油事故应急预案》等法律、行政法规及部门规章等组成，内容包括对海上溢油管理各个层面的规定，虽然仍有很多不足，但在一定程度上对海上溢油事件进行了有效指导。

（1）应急机构方面

《环境保护法》第四十七条规定突发环境事件要立即处理。各级人民政府及其有关部门和企业事业单位，应当依照《中华人民共和国突发事件应对法》的规定，做好突发环境事件的风险控制、应急准备、应急处置和事后恢复等工作。县级以上人民政府应当建立环境污染公共监测预警机制，组织制定预警方案；环境受到污染，可能影响公众健康和环境安全时，依法及时公布预警信息，启动应急措施。在发生或者可能发生突发环境事件时，企业事业单位应当立即采取措施处理，及时通报可能受到危险的单位和居民。本条是在修订前的《环境保护法》第三十一条的基础上修改的，明确了政府和企事业单位在应对突发环境事件时的责任。县级以上政府要建立预警机制，提前向公众发布预警信息，引起警惕，避免人身健康和财产受到损害。如果污染发生，必须将突发环境事件的处置结果向社会公布，保障人民对环境的知情权。此外，还必须对事件造成的损害进行评估，开展下一步的责任追究、受害群众的赔偿工作。企业事业单位应当担负先期处置的法律义务，切实落实企业防范处置突发环境事件的主体责任，降低事件对周边环境的影响，将损失降到最低。

突发环境事件应急处置工作结束后，有关人民政府应当立即评估事件造成的环境影响和损失，并及时将评估结果向社会公布。

新修订的《海环法》第二十八条规定，国家根据防止海洋环境污染的需要，制定国家重大海上污染事件应急预案，建立健全海上溢油污染等应急机制，保障应对工作的必要经费。国家建立重大海上溢油应急处置部际联席会议制度。国务院交通运输主管部门牵头组织编制国家重大海上溢油应急处置预案并组织实施。国务院生态环境主管部门负责制定全国海洋石油勘探开发海上溢油污染事件应急预案并组织实施。国家海事管理机构负责制定全国船舶重大海上溢油污染事件应急预案,报国务院生态环境主管部门、国务院应急管理部门备案。沿海县级以上地方人民政府及其有关部门应当制定有关应急预案,在发生海洋突发环境事件时,及时启动应急预案,采取有效措施,解除或者减轻危害。可能发生海洋突发环境事件的单位,应当按照有关规定,制定本单位的应急预案,配备应急设备和器材,定期组织开展应急演练;应急预案应当向依照本法规定行使海洋环境监督管理权的部门和机构备案。

《中华人民共和国海洋环境保护法》《中华人民共和国突发事件应对法》《防治船舶污染海洋管理条例》《中华人民共和国海洋石油勘探开发环境保护管理条例》《突发事件应急预案管理办法》《国家突发公共事件总体应急预案》,我国已经加入或者缔结的溢油应急国际公约或地区性协议,《国务院关于同意建立国家重大海上溢油应急处置部际联席会议制度的批复》(国函〔2012〕167号),以及中央机构编制委员会办公室《关于重大海上溢油应急处置牵头部门和职责分工的通知》(中央编办发〔2010〕203号)等对国家重大海上溢油应急处置预案提供了依据。

(2)应急预防方面

《海洋环境保护法》对海上溢油预防的监视监控以及事故的通报和报告等都有规定。比如第六十九条规定港口、码头、装卸站和船舶修造厂必须按照有关规定备有足够的用于处理船舶污染物、废弃物的接收设施,并使该设施处于良好状态。装卸油类的港口、码头、装卸站和船舶必须编制溢油污染应急计划,并配备相应的溢油污染应急设备和器材。

《海洋石油勘探开发环境保护管理条例实施办法》第九条规定,为防止和控制溢油污染,减少污染损害,从事海洋石油勘探开发的作业者,应根据油田开发规模、作业海域的自然环境和资源状况,制定溢油应急计划,报海区主管部门备案。

《突发事件应对法》对预防规定信息的收集放在有关应急预警的规定中。《突发环境预案》将信息的报告和通报置于突发环境事件的预警之后。这些法律法规都为海洋溢油损害应急预防提供了依据。

(3)应急预警方面

《海洋环境保护法》对海上溢油污染的预警工作未作规定。但《突发事件应对法》

不仅规定了预警,还规定了预警评级和发出警报后的措施。《突发环境预案》在原有预警规定的基础上做出了预警分级、预警信息发布以及预警行动的系统化规定。

2.我国海洋溢油事故应急保障支撑体系

(1)海洋溢油事故应急保障财务资金支撑体系

我国海洋溢油事故应急保障财务资金主要来源于两个途径:一是主要来自政府部门的财政拨款,二是主要依靠社会相关组织和个人的自筹和捐赠。《中华人民共和国预算法》规定,每年我国中央财政和各沿海省市所属的财政部门编制预算时,依照海洋溢油事故的危害程度制定应急应对任务的等级,海洋溢油事故应急保障专项资金以地方财政资金为主要来源,一旦发生溢油事故,应急保障财务资金从沿海各省区市专项财政预算资金当中优先安排,但若地方财政资金无法满足或支撑溢油事故处置要求,经审批核实后,国家通常会通过对上级省政府提供财政支持来保障应急工作。目前,社会舆论媒体组织通信方式发达便利,灾害发生后,通过媒体宣传,社会救援组织捐赠和筹款等方式正逐渐丰富溢油事故应急保障资金的渠道。民间组织团体募捐和灾区群众自筹,以及国际组织的专业救援和捐赠,形成更加灵活高效的资金保障方式。

(2)海洋溢油事故应急保障物资支撑体系

海洋溢油事故应急保障物资通常包括一般物资和专业物资两类。一般物资主要指保障受污染海域沿岸居民生活和生产基本需求的必备物资;专业物资是指应急队伍在应对溢油事件时所必需的应急工具、设备等。我国自1998年开始正式实行应急保障物资储备管理体系和制度,沿海各省市都先后建立包括帐篷、净水、食物、衣物、药品等完备的海上溢油灾害救灾物资储备设施。海洋溢油事故一旦发生后,海洋溢油应急管理部门根据灾情大小,通过专项资金划拨,调动储备物资迅速到达灾区,有效遏制溢油事故的蔓延和扩大,保障灾区群众的基本生活。

(3)我国海洋溢油事故应急保障工程技术支撑体系

我国海洋溢油事故应急保障工程技术支撑体系包括溢油应急通信网络和溢油应急设备。其中通信系统通常由四个子部分共同组成:第一个子部分是电话热线,12395是国家专门用于海洋等水上搜救热线;第二个子部分是广播电台,海岸电台或海岸无线通信设备可以保障在电话通信信号较差时,能够顺畅地保持与相关溢油管理部门沟通联系;第三个子部分是卫星通信,作为一种长途通信手段,在生死攸关的时刻交通卫星专用通信网络可通过卫星网络与地面应急管理部门联系;第四个子部分是邮电通信,主要应用于陆地和近岸海域。

4.4.3 我国海洋溢油事故应急机制

我国海洋溢油事故应急机制主要分为灾前预报预警制度、灾时应对制度和灾后重建制度。

1.我国海洋溢油应急灾前预报预警制度

灾前预报预警制度通常是为预防溢油事件的发生,应急管理职能部门采取科学手段提前准备,防患于未然。我国海洋溢油事故应急灾前预报预警制度系统主要由溢油信息收集系统、信息加工处理系统、决策系统、咨询辅助系统和警报发布系统组成,这几个子系统可独立运行,也可互相联系形成统一体而共同发挥作用。其中,溢油信息收集子系统由自然资源部等职能部门负责,环保组织团体和我国沿海居民协助;信息加工处理子系统主要由与海洋溢油应急相关的政府职能部门、科研机构和专家学者共同负责;咨询辅助子系统通常由海洋溢油事故领域的科研院所、咨询机构、专家库等组成,为海洋溢油应急事件提供咨询和辅助决策服务;决策子系统主要负责溢油灾前预报、预警等,其责任主体为海上溢油事故应急指挥中心;警报发布子系统通常由海洋溢油事故警报发布部门负责,针对海洋溢油事故危害级别,多渠道、多媒体、多途径地发布海洋溢油警报。我国海洋溢油应急事件预警机制的关键要素是预警信息的全面性和准确性,预警信息准确、及时和完整地对溢油事件做出预报和警报,可以提高海洋溢油应急管理的效率,降低治理成本。

2.我国海洋溢油灾时应对制度

我国海洋溢油灾时应对制度包括海洋溢油灾时应对决策制定制度、灾时现场指挥组织协调制度和紧急动员制度等。

(1)海洋溢油灾时应对决策制定制度

我国海洋溢油灾时应对决策制定制度主要内容为信息收集、制定决策方案、启动预案、领导指示、发布公告、召开管理协商会议、成立监督小组、现场指导等,依照法律条例和行政法规,职能部门依法管理,简化流程,高效有序地应对溢油事故。整体来说,制定决策所依据的法律条例和行政规范基本一致,各职能部门决策差异主要是受职能范围和管理权限的影响。

（2）海洋溢油灾时现场指挥组织协调制度

应对海洋溢油事故时,我国海洋溢油灾时现场指挥组织协调制度的作用为:发布溢油事故预警公告;组织协商会议;启动溢油事故应急预案;相关领导批示并做救灾动员;应急工作组现场处理;联系媒体,召开新闻发布会等。

（3）海洋溢油紧急动员制度

溢油事故发生后,救灾力量由多个不同救灾主体组成,因此紧急动员措施也不尽相同。第一,当地驻军和武警公安为救灾主要力量,受其政府属性影响,动员指挥必须通过领导指令,方可动用相关救援力量开展应急工作;第二,针对溢油海域受灾当地群众,相关职能部门通常采用宣传和教育的动员手段,并在政策上予以帮扶;第三,针对民间组织团体和志愿者等,管理部门主要利用社会媒体等手段,通过召开新闻发布会等方式,号召相关组织和志愿者开展救灾捐赠及救灾活动。

3.我国海洋溢油事故灾后重建制度

我国海洋溢油事故灾后重建制度基本特征概况为统一政府领导、部门分工合作、分级分类管理、特定部门负责和专人落实等。基本上实现了多层次多部门全员监督的责任体系,落实溢油主管"一把手"负责制度。目前我国的海洋溢油事故应急机制能保障灾后重建恢复工作的顺利开展,但具体措施仍不够具体和明确,还待进一步细化和完善。

综上所述,我国在海洋溢油应急管理方面取得了一定的成绩,建立了法律与应急预案体系和海洋溢油应急机制,从预警、处理和恢复重建等过程加强对溢油事件的应急管理。但目前我国的溢油应急管理体系并不完善,运行效果并不能令人满意,各自为政导致政令无法统一,无法保障依法行政,缺乏监督机制,甚至瞒报事故,严重影响溢油事件的处理效果。因此,本章第五部分将以实际案例为切入点,针对我国海洋溢油管理中的实际问题开展分析讨论,并提供相应的建议和改善措施。

4.4.4 《国家重大海上溢油应急处置预案》解读

国家重大海上溢油应急处置部际联席会议审议通过《国家重大海上溢油应急处

置预案》(以下简称《预案》),并于 2018 年 3 月 8 日印发。

1.编制背景

近年来,随着国民经济的快速发展,我国对石油能源的需求不断增加,海上石油开发、运输和存储活动日益增多,海上溢油事故的风险与日俱增,海上溢油事故应急的形势愈加严峻。根据《关于重大海上溢油应急处置牵头部门和职责分工的通知》(中央编办发〔2010〕203 号)要求,交通运输部牵头组织编制了《预案》。

2.编制原则

(1)充分考虑《预案》与现行国家突发事件应急处置相关法规的衔接关系,明确界定《预案》适用范围和启动条件。

(2)注重《预案》针对性和可操作性,结合重大海上溢油应急处置实践,明确组织指挥体系以及各应急处置环节工作内容。

(3)按照中央编办和国务院赋予的职责,结合各单位和部门的职能,明确国家重大海上溢油应急处置部际联席会议成员单位的职责分工。

3.主要内容

《预案》共分为总则、组织指挥体系、监测预警和信息报告、应急响应处置、后期处置、综合保障、附则等 7 个章节,以及部际联席会议成员单位的职责及分工、部际联席会议工作组组成及职责分工两个附件。

第一章 总则,明确了《预案》的编制目的、编制依据、适用范围,以及国家重大海上溢油应急处置工作原则,并对国家重大海上溢油事故等级标准进行了界定。

第二章 组织指挥体系,对国家重大海上溢油应急处置部际联席会议、相关部门和单位、中国海上溢油应急中心、联合指挥部、现场指挥部以及专家组的工作职责和定位进行了界定。

第三章 监测预警和信息报告,明确了相关单位的监测和风险防控措施要求,对预警信息发布、预警行动和预警解除等作出了具体规定,明确了信息报告的程序、内容和方式等。

第四章 应急响应和处置,规定了国家重大海上溢油应急响应启动条件和应急响应行动终止程序,提出了具体的国家响应措施和地方响应措施,明确了溢油应急反应工作流程。

第五章 后期处置,提出了回收油、油污和废弃物的处置具体要求,规定了开展溢油事故后评估以及恢复与重建等工作的主体和职责,明确了溢油应急处置工作奖惩机制。

第六章 综合保障,提出了保障国家重大海上溢油应急处置行动有效开展的具体应急保障要求,并明确了地方人民政府及相关单位责任,特别是地方人民政府在提供应急资金保障方面的责任和要求。

第七章 附则,对海上溢油、海上溢油应急处置、省级相关预案、敏感区域以及以上、以下的含义等名词、术语和定义进行了明确解释和界定。

4.重点说明

(1)国家重大海上溢油

国家重大海上溢油是指海上溢油的规模或者对环境可能造成的损害程度超出了省级行政区域的应急能力或范围,或者超出了行业行政主管部门可以应对的规模或范围,而需要启动应急响应予以协助的海上溢油事件。凡符合下列情形之一的,可判断为国家重大海上溢油:

①预计溢油量超过 500 吨,且可能受污染的海域位于敏感区域;或者可能造成重大国际影响;或者造成了重大社会影响的。

②预计溢油量在 1000 吨以上的。

(2)地方政府责任

按照《中华人民共和国突发事件应对法》[①]属地管理为主的应急管理体制要求,根据《关于重大海上溢油应急处置牵头部门和职责分工的通知》(中央编办发〔2010〕203 号),"沿海地方人民政府要强化责任,建立健全相关机制,按照重大海上溢油应急处置的要求,负责本地区海上溢油应急处置相关工作",《预案》明确事发地或受海上溢油事故影响的省级人民政府或者相关单位应成立现场指挥部,负责牵头组织海

---

① 《中华人民共和国突发事件应对法》于 2007 年 8 月 30 日第十届全国人民代表大会常务委员会第二十九次会议通过,自 2007 年 11 月 1 日起实施,共 7 章 70 条,是一部规范突发事件应对工作原则和预防与应急准备、监测与预警、应急处置与救援、事后恢复与重建等内容的重要法律,能够预防和减少突发事件的发生,有效控制、减轻和消除突发事件引起的严重社会危害,维护国家安全、公共安全、环境安全和社会秩序。

上溢油事故的现场处置工作。

（3）地方层面执行主体

鉴于国家专项应急预案——《国家海上搜救应急预案》已赋予省级海上搜救机构承担海上溢油应急处置职责,《预案》由各相关省级海上搜救机构负责地方层面具体贯彻和落实工作。

4.5 从相关溢油事故案例看我国海洋溢油应急管理机制的不足

4.51 我国近几年主要溢油事故应急处理

1.康菲石油事故

2011 年 6 月期间中海油渤海湾一油田发生漏油事故,这是中海油与美国康菲公司的合作项目。康菲公司负责宣传的人士表示,康菲是作业方。

据悉,渤海湾是中海油的主产区,根据 2011 年一季度中海油季报,来自渤海湾的石油以及石油液体产量占到总产量比例超过 57%,天然气产量超过 12%。2011 年 7 月 5 日下午,中国国家海洋局在北京通报了中海油和康菲石油中国有限公司渤海湾漏油事件初步结果,并首次公布此次蓬莱 19-3 油田漏油事故的相关画面。

该事故应急处理进程见表 4-1。

表 4-1　应急处理进程

时间	事件发展	管理
2011 年 6 月 4 日	蓬莱 19-3 采油 B 平台事故少量溢油	据国家海洋局公告,蓬莱 19-3 采油 B 平台 6 月 4 日开始溢油,部分油污漂浮于平台周围海域
2011 年 6 月 17 日	蓬莱 19-3 采油 C 平台现溢油	根据调查显示,蓬莱 19-3 采油 C 平台于 2011 年 6 月 17 日发生井底漏油事件,少量原油泄漏到海中
2011 年 6 月 30 日	我国国家海洋局开始调查康菲中国公司的漏油事件	国家海洋局开始介入调查该事件,但是调查力度并不是很大

续表

时间	事件发展	管理
2011年7月5日	中海油和康菲中国公司不承认隐瞒漏油事件并认为媒体哗众取宠	中海油和康菲中国公司称漏油事故处理已经基本完成,泄漏只有200多平方米,对渤海周围的环境并没有产生实际上的污染。这与之前多家媒体所报道的长约3公里、宽度达到二三十米的溢油带的新闻差距相当大
2011年7月6日	康菲溢油事件已经导致大约840平方千米的海水变成了劣四类海水	7月5日,国家海洋局召开新闻发布会,公告最大溢油污染海域面积高达158平方千米,大约840平方千米的海水变成了劣四类海水,在蓬莱19-3油田周围海域提取的石油漂浮物质经过检测后,发现这些漂浮物质的平均浓度已经达到历史平均水平值的40.5倍,而这些漂浮物质的最高浓度则甚至高达历史平均值的86.4倍
2011年7月14日	国家海洋局叫停康菲中国公司在渤海的开采作业,康菲公司称已经停止海上作业	由于蓬莱19-3油田溢油处置进展缓慢,国家海洋局13日责令康菲中国公司停止在渤海海面的开采原油活动。对此,康菲公司表示,一定会遵照国家海洋局作出的所有指示,已经停止了B、C平台的生产,直到国家海洋局有进一步指令
2011年7月30日	国家海洋局要求康菲中国公司于8月31日之前封堵泄漏的原油	国家海洋局要求康菲公司立即进行封堵溢油点作业调试,必须尽快清理处于海面上的原油,该工作必须在2011年8月31日之前进行完毕
2011年8月30日	国家海洋局成立康菲溢油索赔小组	国家海洋局称已经成立了康菲溢油事件索赔小组,对康菲溢油事件所造成的污染已经进行了初步的调查,能够为索赔提供相应的资料
2011年9月1日	康菲中国公司称已经完成对溢油点的封堵工作	康菲中国公司称已经彻底将渤海溢油点封堵,并表示已经设立长期的溢油预警机制,坚决杜绝类似事件再次发生
2011年9月2日	渤海附近仍有原油溢出,国家海洋局再次要求康菲公司停产	国家海洋局表示康菲中国公司没有完成对蓬莱19-3油田的溢油的封堵工作,因此要求康菲中国公司完全停止海上采油
2011年9月5日	康菲中国公司称蓬莱19-3采油平台已经停止采油作业	康菲中国公司已经停止蓬莱19-3采油平台的作业,总共有231口油井停止了采油作业
2011年9月15日	康菲溢油现场被发现有油花油带	国家海洋局称,根据9月7日至13日北海分局的调查显示,蓬莱19-3的C平台附近仍有原油泄漏入海
2011年11月11日	国家海洋局称康菲中国公司存在违规作业	蓬莱19-3油田溢油事故联合调查组称,康菲中国公司违反相关方案规定,在事故发生时并没有按照法律法规和预案的要求采取必要的措施,存在违规作业的情况
2012年1月25日	康菲中国公司计划赔偿辽冀两省渔民10亿元人民币	中海油和康菲中国公司已经称愿意按照赔偿协议的规定出资10亿元人民币赔偿渤海周边地区捕捞业、养殖业以及渔业的损失

2."桑吉"轮碰撞事故

2018 年 1 月 6 日 20 时许,巴拿马籍油船"桑吉"轮与中国香港籍散货船"长峰水晶"轮在长江口以东约 160 海里处发生碰撞,事故导致"桑吉"轮货舱起火,32 名船员失踪;"长峰水晶"轮受损起火,21 名船员弃船逃生后被附近渔船救起。14 日 16 时 45 分,"桑吉"轮沉没。

中国政府高度重视"桑吉"轮碰撞燃爆事故的应急处置工作,党和国家领导人多次作出指示批示,要求全力组织协调各方力量搜救遇险船员。交通运输部按照党中央、国务院要求,遵循国际公约,迅速启动了应急响应,成立了应急领导小组,以人命搜救为首要任务,全力组织我国的海事执法船、专业救助船、海警巡逻船和过往商渔船开展搜救。同时,秉持开放合作态度,协调韩国海警船舶、日本海上保安厅船舶参加搜救,每天保持 10 艘以上搜救船舶的力量规模。

2018 年 1 月 8 日,"东海救 117"轮在距"桑吉"轮 2 海里处发现并打捞起 1 具遇难者遗体。10 日至 14 日,现场指挥部组织实施了多轮灭火作业,由于难船始终处于爆燃状态并伴有有毒气体,灭火效果并不理想。专业救助人员心急如焚,反复研究登轮方案,希望能有机会尽快登轮搜救。

由于现场情况十分险恶,空气中弥漫着浓烟和有毒气体并不断燃爆,有爆炸的危险,登船救援意味着随时有可能牺牲。为了最大限度保护登船勇士的安全,救援人员提前做了大量观测和分析工作,比如燃爆情况、现场气象观测和分析,也凭着多年搜救经验,制定了详细登船搜救计划、操作流程以及应急保障预案。

13 日 7 时,现场救援力量根据方案做好待命准备,8 时,"深潜号"抵近难船尾部。8 时 35 分,救援人员进行登轮搜救工作。8 时 40 分,4 名救援人员首先打开防海盗安全舱的舱盖,发现舱内浓烟涌出、热浪滚滚,救援人员多次尝试无法进入,随后沿着左舷外楼梯搜寻至艇甲板,发现了两具遗骸。

救援人员在驾驶台进行了搜寻,没有发现船员的迹象,并找到了"黑匣子"并拆下带回。在救援人员准备对生活舱进行搜寻时,经探测,生活舱内温度高达 89 ℃,无法进入。9 时 03 分,4 名救援人员带着两具遗骸以及"黑匣子"回到了"深潜号"上,完成了这次非常英勇的登轮搜救行动。

在这两次溢油清污中暴露出诸多问题,缺少处置经验丰富、理论知识扎实的高素质危化品处置队伍和专家智库,清污手段传统,清污物资数量不足,间接影响溢油处置效率。

目前,我国的清污设备主要是应对码头前沿与港池水域的油污处理,航道及码头前沿的油污在作业人员的配合下很快就基本清理干净了,但大量油污飘向了岸滩和礁石,目前我国专业性的岸滩式清污设备配备不足,仅靠手工使用的手提式喷洒装置、吸油布等应急救生用品,已无法满足港口污染治理的要求。

海岸滩防护和岸线清污本是属于地方溢油应急设备库的重点部署范畴,地方政府规划建设已经很多年了,但由于资金问题,这方面进展较为缓慢。

应急队伍是专门进行应急清污、使用应急设备、组织实施海洋环境污染应急工作的专业人员,应急指挥方面由海事部门负责,而现场操作人员主要分为三部分:一部分是清污公司,经交通部海事局、省专业培训发证;一部分是码头工作人员,他们有一定的工作经验,但是没有经过专业培训,应对突发事件能力明显不足;另外一部分是当地渔民志愿协助,专业能力也不足。

我国溢油应急反应能力的建设仍处于初级水平,溢油应急力量的训练与演练、人员装备与防护等方面仍不足。

4.5.2 我国海洋溢油应急管理机制的不足

对海上溢油的研究,国外已相当深入,而我国的研究则始于20世纪80年代初,目前已取得较多成果,对不同情况下海域溢油的预报模式都有探索。

国家海洋环境预报中心从21世纪初开始研制和开发用于中国海域海上应急需求的海上溢油应急预报业务系统,并于2010年正式投入业务化运行,对海底溢油、海面平台溢油、移动油轮溢油等各类油源的漂移扩散情况开展预测预报。该系统在大连输油管道爆炸重大溢油事件、"蓬莱19-3"溢油事件应急中发挥了重要作用。

如果发生海上溢油事故,值班员会根据溢油信息确定响应等级,进入相应级别的应急响应工作状态,启动相应海域的溢油预报系统,开展溢油漂移轨迹扩散模拟预测,动态显示溢油分布范围、油膜面积、位置、溢油的抵岸时间、地点、油量、影响范围、沉降海底的位置、海上残油量等信息。

该系统可对海面油井平台瞬时或者连续溢油、海面运动油轮连续溢油、海底沉船连续溢油、海底输油管道连续溢油等进行模拟预报。系统界面采用人机对话方式,输入溢油信息数据后,实时三维动画显示溢油漂移的情况及分布范围、油膜面积、位置、溢油的抵岸时间、地点、油量等信息。在实际应用中,卫星、飞机或船舶发现了溢油,但可能不知道溢油源的准确位置和油品参数,会影响预报的准确率,因此还需要针对实际监测的海面溢油进行漂移和扩散预报,以便于有效应急处置。

此外,国家海洋局北海预报中心自2010年以来开展溢油SAR卫星遥感业务化工作,积累了大量的SAR卫星影像和溢油监测信息。有关部门针对不同油品(原油和重质燃料等)的物理化学性质、不同溢油方式等在渤海海域建立三维溢油漂移预测系统,将精细化气象和海洋环境预测结果作为模型动力强迫场,结合卫星、飞机、船舶等实时监测溢油信息,模拟大量油粒子在风、浪、流的共同作用下在水体表面和水体中的漂移扩散过程和浓度分布情况。溢油漂移预测结果要素为海面油膜经纬度位置、溢油点漂移轨迹、最大影响面积、垂直分布等。在此基础上,结合地理信息系统以及溢油应急资源调配、案件分析等功能,研发海上溢油应急辅助决策系统,为海上溢油应急处置提供技术支撑。

但是目前在世界范围内,溢油清除仍是一道难题,这也是应急机制技术需要提升的方面。

从我国康菲溢油事件和"桑吉"轮事件的处理来看,我国海洋溢油应急管理机制还存在很多不完善的地方。

《中华人民共和国突发事件应对法》是我国应对突发事件的专门法律,标志着我国应对突发事件的制度框架已经建立起来,该法已经基本实现了预警原则的嵌入和预警体系的框定。以《中华人民共和国海洋环境保护法》《国家突发环境事件应急预案》为基础,我国也逐步建立了包括从法律、法规、规章到规范性文件在内的关于海洋环境突发污染事件应急管理的制度体系(表4-2)。

表4-2　海洋环境突发污染事件应急管理相关法律文件

类别	名称
法律基础	《中华人民共和国海洋环境保护法》(2017修订) 《中华人民共和国突发事件应对法》(2007)
前期预防预警	《关于加强海洋赤潮预防控制治理工作的意见》(2001) 《关于深化海洋防灾减灾体制机制改革的意见》(2016)

续表

类别	名称
应急响应处理	《国家突发环境事件应急预案》(2014) 《突发环境事件应急管理办法》(2015) 《防治海洋工程建设项目污染损害海洋环境管理条例》(2018修订) 《防治船舶污染海洋环境管理条例》(2012) 《渔业船舶水上突发事件应急预案》(2012) 《关于进一步加强海洋灾害应急管理工作的通知》(2005) 《海洋石油事故报告和调查处理指导意见》(2005) 《海洋石油勘探开发环境保护管理条例》(2016修订)
其他规范性文件	《中国海洋21世纪议程》(1996) 《全国海洋经济发展规划纲要(2016—2020)》 《关于促进海洋渔业持续健康发展的若干意见》(2013)

　　这些制度体系也体现了海洋环境突发污染事件预警管理的精神。然而,在这些法律文件中涉及海洋环境突发污染事件预警原则和预警体系的相关内容相对薄弱,关注不够。首先,一些法规仍侧重于事件爆发后的应对和救援工作,对海洋环境突发污染事件的诱因及前期针对性预警方面的规定相对不足。例如,防治船舶污染海洋的专门行政法规《防治船舶污染损害海洋环境管理条例》只是要求船舶所有人、经营人或者管理人以及港口、码头、装卸站的经营人各自自行制定应急预案,未明确船舶污染发生前海事管理机构的预警工作相关规定,仅重视船舶污染事故发生后海事管理机构应急处置的方式和安排等。其次,《海洋环境突发污染事件的应急预案》(政府的规范性文件)作为支撑法律法规的具体执行措施还不够全面,需要进一步完善。例如,在海洋环境突发污染事件应急响应方面政府制定了相关预案,如《海洋石油勘探开发溢油事故应急预案》,但预案的启动需要石油公司的申请,缺乏政府主动进行溢油监测后发布预警、启动应急的规定。最后,海洋环境突发污染事件预警原则及工作的程序、职权范围等规定需要在一般法律层面进一步明确和强化。例如,作为保护海洋环境的专门法律《中华人民共和国海洋环境保护法》在第一章总则里只是规定了立法目的、适用范围、主管部门,并没有对预警原则做出规定;对各类海洋环境污染事件的监督管理及事件爆发后的调查处理作出了相对全面的规定,提出了海洋环境的监测、监视,但缺乏明确的预警条款,整体上更侧重事后应急救援和处置,突发污染事件的预警识别、发布等未获关注。所以,我国海洋环境保护立法虽然已经体现出了预警原则的精神,但预警原则尚未完全嵌入,预警体系尚未建立。总体看来,我国海洋环境突发污染事件预警工作的制度化建设仍处于发展阶段,不能满足目前我国海洋发

展大规模扩张的客观需求。

从康菲溢油事件和"桑吉"轮事件的处理来看,建立健全预警机制对于有效规避和及时处理海洋突发溢油事件,减轻其破坏性具有重要意义。但目前我国现有的法律条文以及涉及海洋溢油预警原则和预警体系的规定还相对比较薄弱。预警协调、预警信息系统等方面都存在一些不足。在实践的溢油事件处理上,溢油管理可依靠的法律的可操作性不强,并且应急管理有关的法律和法规之间尚存在管理上的不一致,无法形成一个完备统一的应急管理法律法规体系,大大降低了这些应急管理法律法规在海洋溢油应急管理中的作用。同样,海洋溢油应急预案的制定、修订流程和制度并不顺畅完备,溢油事故应急预案编制时过于注重参考借鉴其他应急预案,而忽略溢油事故自身的特点,相关预案并不完全符合溢油应急管理的需求,缺少海上溢油具体实施有针对性的管理规范和实施条例。同时,制定、修订完成的海洋溢油事故应急预案也缺乏系统全面地宣贯工作,对应急预案内容和实施缺乏详细的讲解和演习。

在预警制度方面,我国虽然建立了溢油事故预报预警制度,在系统软件和硬件方面都有了很大进步,但在设备完善和对事故的敏感性方面与西方发达国家相比还有较大差距。

尤其是在技术方面,监管系统还存在部分漏洞,缺乏有效的监督机制。因溢油事件发生概率较小,因此往往会放松对溢油事故以及动态的跟进。现有的溢油监测系统常常有名无实,必然放松对溢油事故的跟进,对事故主体不追究责任,甚至瞒报错报,为这些大型企业的利益提供保护,使得现有的溢油监测预警系统丧失作用,最终导致溢油事件恶化和蔓延。

参考文献

[1]张舒.海上溢油事故风险概率实用计算方法的研究[D].大连:大连海事大学,2011.

[2]International convention relating to intervention on high sea in cases of oil pollution casualties[EB/OL].(1969-9-6)[2022-9-10].https://www.imo.org/en/About/Conventions/Pages/International-Convention-Relating-to-Intervention-on-the-High-Seas-in-Cases-of-Oil-Pollution-Casualties.aspx.

[3]曹庭荣.海洋石油污染冲击评估与损失求偿案例之研究[D].青岛:中国海洋大学,2007.

[4]廖颖恺.油轮海上油污染案例之损害赔偿法制比较研究[D].高雄:"国立"海洋大学,1999.

[5]孙宁宁,孔凡宏.我国海洋环境突发污染事件预警机制探析[J].上海海洋大学学报,2021,30(6):1-8.

[6]大连部分海滩受到输油管道爆炸事故泄漏原油污染[EB/OL].(2010-7-21)[2022-10-5].https://www.gov.cn/jrzg/2010-07/21/content_1659793.htm.

[7]中华人民共和国中央人民政府.国家海洋局公布蓬莱19-3油田溢油事故调查情况[EB/OL].(2011-07-05)[2023-04-21].http://www.gov.cn/gzdt/2011-07-05/content_1899673.htm.

[8]中华人民共和国海事局."桑吉"轮碰撞燃爆事故专题新闻发布会[R/OL].(2018-01-19)[2023-4-21].https://www.msa.gov.cn/html/HDJL/zxft/20180119/CCFABDD8-56F8-44CF-9158-4235DD644971.html.

第五章

危险品泄漏入海与应急管理

5.1 入海危险品概述

随着世界经济和工业的发展,国际贸易和运输也在快速发展。经济全球化的快速进程加快了低价格高运载量海运的发展,其中物质性质对人类和环境能造成危害的货物约占海运量的一半。以原油为例,全球海上原油运量从 2001 年的 15.9 亿吨,增长到 2012 年近 20 亿吨,并在近 10 年间保持在 20 亿吨的高位水平。中国作为全球第二大消费市场、第一贸易大国,其对外贸易运输量的 90% 以上是通过海上运输完成的,其中油类、化学品及固体散货运输约占 80%,且大部分属于危险品。在危险货物的运输和作业中,货物包装破损、人员操作不当或设备故障易造成溢漏和渗漏,从而由于其特性进一步引起各种危险事故,甚至大量进入海洋造成污染。例如,2001年 4 月 17 日在我国长江口水域附近,韩国籍散化船“大勇”轮与香港籍散货船“大望”轮在浓雾中发生碰撞,造成约 700 吨苯乙烯泄漏入海,泄漏物随海流呈 2 m 宽带漂移,并进一步扩散成白色小片状。此外,一些存放、转载危化品的沿海化工园区、港口和码头也给海洋环境安全带来隐患,如 2015 年发生的天津港“8·12”危化品仓库火灾爆炸事故,除了造成人员伤亡和财产损失外,也对附近海域的海洋生态环境造成了一定影响。因此,加强港口和船舶运输过程中的安全防护与应急管理就显得尤为重要。

5.1.1 入海危险品的种类、来源及传输途径

2011 年 2 月国务院修订通过的《危险化学品安全管理条例》(国务院令第 591 号)第三条明确规定:危险化学品,是指具有毒害、腐蚀、爆炸、燃烧、助燃等性质,对人体、设施、环境具有危害的剧毒化学品和其他化学品。

依据《国际海运危险货物规则》(2019 版 IMDG code)第 3 部分危险货物一览表,具体类别和小类如下:

第 1 类:爆炸品

第 1.1 小类:具有整体爆炸危险的物质和物品

第 1.2 小类:具有抛射危险但无整体爆炸危险的物质和物品

第 1.3 小类:具有燃烧危险和较小爆炸或较小抛射危险或同时具有此两种危险,但无整体爆炸危险的物质和物品

第 1.4 小类:无重大危险的物质和物品

第 1.5 小类:具有整体爆炸危险的很不敏感物质

第 1.6 小类:无整体爆炸危险的极度不敏感物质

第 2 类:气体

第 2.1 类:易燃气体

第 2.2 类:非易燃、无毒气体

第 2.3 类:有毒气体

第 3 类:易燃液体

第 4 类:易燃固体,易自燃物质,遇水放出易燃气体的物质

第 4.1 类:易燃固体、自反应物质、固体退敏爆炸品和聚合性物质

第 4.2 类:易自燃物质

第 4.3 类:遇水放出易燃气体的物质

第 5 类:氧化性物质和有机过氧化物

第 5.1 类:氧化性物质

第 5.2 类:有机过氧化物

第 6 类:有毒和感染性物质

第 6.1 类:有毒物质

第 6.2 类:感染性物质

第 7 类:放射性物质

第 8 类:腐蚀性物质

第 9 类:杂类危险物质和物品

海运过程中,港口的储存和海上运输中因为货物性质不明确、包装不符合要求、积载和隔离不当、应急措施不到位等因素,甚至可能因为人为失误、机器故障、设备腐蚀、碰撞等因素,使危险货物受到碰撞、摩擦、静电、高温、潮湿等作用,而造成事故突发。在事故中,这些危险品在短时间内会导致大量的有毒有害物质泄漏、燃烧、爆炸,进而发生物理或者化学反应,释放出更多有毒有害物质,进入海洋,成为入海危险品的主要来源。

这些危险品中,一是有毒气体可能在空间形成污染云团,从事故发生区域向四周尤其是下风方向扩散,严重污染空气、地面、道路和生产生活设施,经大气干湿沉降或者水-气交换后进一步污染地表地下水源、江河湖海,破坏生态环境,造成范围可能达数十甚至数百平方千米的危害;这种污染能持续较长时间,短则几小时,长则数日、数月。二是有毒物质也极易进入污水管或雨排管线,流入江、河、湖、海,导致港口水环境及海域环境污染。

5.1.2 入海危险品的危害

进入海洋的危险品种类繁多,污染的途径也较为复杂,使得入海危险品危害性、危害时间、危害范围评价更加复杂化。此外,除了直接危害以外,在清除危险品过程中使用的药剂也可能造成巨大的危害。如 1967 年 3 月"托雷·卡尼翁"号(Torrey Canyon)油轮触礁搁浅后约 3 万 t 原油溢到海面,近 140 公里的海岸受到严重污染,后续为了清除岸边的原油,共用了 31×10^4 t 分散剂和清洗剂,对海岸带及其生态均造成了较严重的二次危害。

1.入海危险品对生物的毒性及危害

入海危险品种类繁多,因其种类不同对生物的毒性及危害也不同,一般可分为两类:一类是急性中毒,另一类是长期低浓度造成的毒性效应。

在短时期内(或者是一次性的),有害物大量地进入人体或者生物体所引起的中毒为急性中毒。例如,溢油或者危化品倾倒事件造成的生物大量死亡,都属于环境污染的急性中毒事件。急性危害对生物影响最明显,近年来较大的急性危害事件如2002年11月13日发生在西班牙加利西亚的"威望"号沉船漏油事件,造成了西班牙北部500公里海岸上179个海滩遭到重度污染,1万多只海鸟死亡,经济损失达3亿欧元。急性毒作用一般以半数有效剂量(ED_{50})来表示,它指直接引起一群受试动物的半数产生同一中毒效应所需的毒物剂量。ED_{50}值越小,则受试物的毒性越高,反之则毒性越低。半数有效量如以死亡作为中毒效应的观察指标,则称为半数致死量(LD_{50})或半数致死浓度(LC_{50})。

少量的有害物质,经过长时期的侵入人体所引起的中毒,称为慢性中毒。慢性中毒一般经过长时间之后才逐渐显露出来。例如,已有学者发现在深水地平线石油泄漏事件发生后,苯并[α]芘和分散剂的组合可能对海湾鱼类大底鳉(*Fundulus grandis*)睾丸功能产生不利影响,造成性腺指数降低、生精上皮厚度减小,这种长时期的慢性危害会对后代造成影响,其损害可能比急性毒作用更加深远和严重。

入海危险品中石油类占了较大比重,以溢油事件为例,一方面,石油类污染物会直接对海洋生物造成急性影响,直接造成海洋生物死亡。石油中含有大量的烷烃、芳香烃等与水难溶的部分,当水面油膜厚度大于1 μm时就可隔绝空气与水体间的气体交换,导致溶解氧下降,威胁海洋生物的生存;与海水相溶的部分,油滴容易随水黏附在鱼体表面和鳃上,造成鱼类呼吸障碍;沉积于水底的油类经厌氧细菌分解产生硫化氢等毒物,会使底栖生物死亡。另一方面,石油类污染物会缓慢地对海洋生物造成影响,石油的脂溶性较好,进入海洋生物体内发生积累,当生物体内积累了一定体积并达到一定浓度时,会对生物的代谢系统产生危害,容易发生突变、致病,对发育不完全的个体造成畸形,其有害物质又可通过食物链对其他生物造成影响,最终会在人体内积累,从而威胁人类健康。以海洋食物链最底端的浮游植物为例,石油对其的影响因种类及生活阶段有所差异,如研究发现三角褐指藻对石油污染相对不敏感,但中肋骨条藻却较为敏感。也有研究发现海洋浮游植物的生长对石油烃表现出"低促高抑"

现象,即在低浓度的石油污染状况下,浮游植物内部具有的蛋白质含量显著提升,但石油污染物的浓度达到或超出一定的范围,就会导致浮游植物内部蛋白质含量骤减。在溢油事件中,溢油量一般较大,因此其对浮游植物的生长多有不利。

此外,不同种类和成分的油对生物的影响也不尽相同,一般成品油毒性高于原油,低分子烃类毒害大于高分子烃。整体而言,其毒性与其中含有的可溶性芳烃衍生物(如苯、甲苯、菲等)的含量呈正比关系,表 5-1 给出了各种芳烃对海洋动物的毒性(以 96 h 半致死浓度表示)。

表 5-1　芳烃对海洋动物的毒性

化合物		苯	甲苯	邻二甲苯	对二甲苯	间二甲苯	三氯甲烷	乙基苯
半致死浓度/(mg/L)	日本黄姑鱼	138.4	75.7	41.7	41.5	43.1	—	35.7
	菲律宾蛤仔	137.7	69.3	62.9	66.2	61.4	128.5	53.8
	脊尾白虾	—	29.7	12.0	12.0	11.0	33.2	10.6

2.入海危险品对人体健康的危害

进入海洋环境中的危险品中,低沸点组分如石油中的烷烃、苯类很快挥发进入大气。人若吸入高浓度的烷烃,会引起肺水肿、肺出血和化学肺炎而短期内死亡,烷烃对皮肤和黏膜也有不同程度的刺激作用。人类若直接摄取石油蒸馏物可发生肺、胃肠、肾、中枢神经系统和造血系统等中毒症状。当苯蒸气浓度达 320 mg/m³ 时,几小时后人体开始头痛、乏力、疲劳;达到 1 h 后,中枢神经系统出现抑制作用;如果达到 64 g/m³,数分钟后就可死亡。苯类的慢性中毒轻则表现在引起神经衰弱综合征,造血系统改变,血红细胞及血小板减少,重则出现再生障碍性贫血,少数病例在慢性中毒后易发生白血病。已有研究发现,长期与石油蒸气接触的清洗油船人员其骨髓细胞会发生染色体畸变。人类若食用被石油污染的鱼及其他海产品、水产品(含动物和植物产品),有毒物质会进入人体,使肠、胃、肝、肾等组织发生病变,危害人体健康,甚至导致死亡。

3.入海危险品对生态环境的影响

入海危险品泄漏后在海水中的行为主要受自身理化性质和泄漏位置附近的环境因素的影响,主要有四种模式:挥发到大气中、漂浮(或悬浮)在水面(水体)、溶解于水中、沉降到水底。不同形态化学品之间可能存在的相互转化过程如图 5-1 所示。

大气

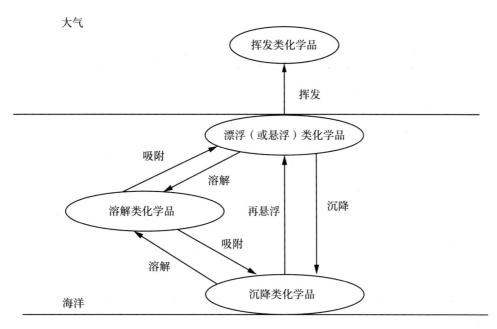

图 5-1　危险品入海后不同化学品的相互转化过程

　　入海危险品,漂浮在水面上的部分化学品可能挥发到大气中,特别是水体油污染形成的油膜表面积大时,其分解产物可挥发进入大气,污染、毒化上空和周围的大气环境。例如,2018 年福建泉港"碳九"事件中,裂解 C9 泄漏总量约 69.1 吨,其中约 25.7 吨通过自然挥发进入大气环境中。密度小于水且不易溶于水的化学品,以漂浮态的形式在水面滞留,对环境造成长期影响。如含油污水侵入无污染水域后,漂浮于水面易扩散形成油膜,当油膜的厚度小于 1 μm 时,可隔绝空气与水体间的气体交换,导致水体溶解氧下降,恶化水质。密度较大的保守化学品,在重力的作用下沉降到海底,如溢油分散剂及原油可通过海洋雪沉降到更深层的水和沉积物中,而底层水环境的自净速率较小,这会导致海底及沉积物中沉降的污染物浓度相对较高,对底栖生物的生存环境产生很大影响。此外,油类可以相互聚成油-湿团块或黏附在水体中固体悬浮物上,形成油疙瘩,聚集在沿岸、码头、风景区,形成大片黑褐色的固体块,破坏自然景观。例如,溢油污染的红树林区,溢油污染能够存在 10 年以上,其自然生态环境长期受到危害。

5.2 危险品泄漏入海的应急处置预案

5.2.1 危险品管控的有关法规、标准和通则

我国的海上运输由国务院交通运输部统一管理，并行使行业发展规划、法规制定、安全监管、港口航道管理等相关管理职能。海运及港口贮运中危险货物具有品种多、数量大、风险高的特点，因此危险品管控是我国交通运输部门工作的重点。近年来国务院、交通运输部及相关部门对危险品管控相继颁布了多项相关的法规和文件，具体如下：

(1)《中华人民共和国海上交通安全法》；

(2)《中华人民共和国安全生产法》；

(3)《中华人民共和国大气污染防治法》；

(4)《中华人民共和国海洋环境保护法》；

(5)《中华人民共和国海商法》；

(6)《中华人民共和国港口法》；

(7)《中华人民共和国突发事件应对法》；

(8)《中华人民共和国消防法》；

(9)《中华人民共和国国际海运管理条例》；

(10)《中华人民共和国国内水路运输管理条例》；

(11)《中华人民共和国易制毒化学品管理条例》；

(12)《中华人民共和国危险化学品安全管理条例》(国务院591号令)，自2011年12月1日起施行；

(13)《防治船舶污染海洋环境管理条例》(国务院2018年3月)。

相关的规则和标准如下：

(1)《化学品分类和危险性公示通则》(GB 13690—2009)；

(2)《易燃易爆性商品贮存养护技术条件》(GB 17914—2013)；

(3)《易制爆危险化学品储存场所治安防范要求》(GA 1511—2018);

(4)《爆炸性环境 第 1 部分:设备通过要求》(GB 3836.1—2010);

(5)《腐蚀性商品贮存养护技术条件》(GB 17915—2013);

(6)《毒害性商品贮存养护技术条件》(GB 17916—2013);

(7)《建筑设计防火规范》(GB 50016—2014);

(8)《剧毒化学品、放射源存放场所治安防范要求》(GA 1002—2012);

(9)《国际海运危险货物规则》(IMDG code);

(10)《国际散装危险化学品船舶构造和设备规则》(IBC code);

(11)《国际散装液化气体船舶构造和设备规则》(IGC code);

(12)《国际海运固体散装货物规则》(IMSBC code);

(13)《国际防止船舶造成污染公约》(MARPOL 公约)附则Ⅰ;

(14)《危险场电气防爆安全规范》(AQ 3009—2007);

(15)《交通运输部关于加强沿海省际散装危险货物船舶运输市场宏观调控的公告》(交通运输部 2018 年 8 月);

(16)《沿海省际散装危险货物船舶运输市场运力调控综合评审办法》(交通运输部 2018 年 8 月);

(17)《中华人民共和国船舶安全营运和防止污染管理规则》(交通运输部 2001 年 7 月);

(18)《港口危险货物安全管理规定》(交通运输部令 2017 年第 27 号,自 2017 年 10 月 15 日起施行);

(19)《中华人民共和国船舶污染海洋环境应急防备和应急处置管理规定》(交通运输部 2018 年 9 月);

(20)《船舶载运危险货物安全监督管理规定》;

(21)《中华人民共和国船舶及其有关作业活动污染海洋环境防治管理规定》(交通运输部 2017 年 5 月);

(22)《船舶大气污染排放控制区实施方案》(交通运输部 2018 年 11 月);

(23)《2020 年全球船用燃油限硫令实施方案》(中国海事局 2019 年 10 月)。

5.2.2 危险品泄漏入海的应急处置程序

根据我国《危险化学品泄漏事故处置行动要则》(GAT 970—2011),危险化学品泄漏事故处置程序一般包括侦检、警戒、防护、处置行动、洗消、现场恢复、撤离等,处置行动又包括疏散抢救人员、制止泄漏、输转倒罐、泄漏介质处置、清理泄漏现场等。在处置危险化学品泄漏整个过程中应按照科学的应急规律,尽可能控制次生事故以及二次伤害的出现,一般原则包括:(1)以人为本的原则;(2)保护环境的原则;(3)统一指挥的原则;(4)坚持先控制、再处置的原则。危险品泄漏入海的应急处置程序与上述基本相同,所不同的是在基线和环境调查时需要考虑海域的环境特征,具体步骤如下:

(1)首先进行侦检,首批处置人员到场后向泄漏现场的相关知情人了解泄漏介质种类、性质、泄漏部位、容积、实际储量等以及人员遇险和被困等与处置行动有关的信息;同时进行泄漏介质辨识与检测,确定扩散范围,划分危险区域;分析、判断可能引发爆炸、燃烧的各种危险源;通过现场初步调查并搜集泄漏事故前由及环境基线调查形成的历史资料,了解事发海域的水文动力特征和环境敏感程度等信息,确认现场及周边污染情况,确定处置方案。侦检工作应贯穿处置行动始终,遵循先识别、后检测,先定性、后定量的原则。

(2)根据划定警戒区域,在其周边及其出入口设置警戒标志,实施警戒。

(3)根据泄漏介质的危险性及划定的危险区域,确定处置人员的防护等级。防护等级共三级,其中一级防护为最高级别防护,适用于皮肤、呼吸器官、眼睛等需要最高级别保护的情况。二级防护适用于呼吸需要最高级别保护,但皮肤保护级别要求稍低的情况。三级防护适用于空气传播物种类和浓度已知,且适合使用过滤式呼吸器防护的情况,具体防护标准见表 5-2。

表 5-2　不同级别防护标准

级别	形式	防化服	防护服	呼吸器	其他
一级	全身	内置式重型防护服	全棉防静电内外衣	—	—
二级	全身	全封闭式防化服	全棉防静电内外衣	正压式空气呼吸器或正压式氧气呼吸器	防化手套、防化靴
三级	头部	简易防化服或半封闭防化服	战斗服	滤毒罐、面罩或口罩、毛巾等防护器具	抢险救援手套、抢险救援靴

（4）处置行动包括泄漏源处理、泄漏介质处理、清理泄漏现场等，具体技术及实施见5.2.3节。一般而言规模大、情况复杂的泄漏现场，由现场指挥部组织专家对处置方案进行会商。

（5）受到有毒或腐蚀性泄漏介质污染的人员、装备和环境都应洗消，洗消应坚持合理防护、及时彻底、保障重点、保护环境、避免洗消过度的原则。基体洗消措施见5.2.3节。

（6）对现场进行清理，首先用喷雾水、蒸汽、惰性气体清扫现场内事故罐、管道、低洼、沟渠等处，确保不留残气（液）。对于少量残液，可用干沙土、水泥粉、煤灰等吸附，收集后做无害化处理。在污染地面上洒上中和剂或用洗涤剂浸洗，然后用清水冲洗现场，特别是低洼、沟渠等处，确保不留残物。若有少量残留遇湿易燃泄漏介质，可用干沙土、水泥粉等覆盖。残留的泄漏介质收集后送至废物处理站或移交环保部门处置。现场清理后，视情况将现场管理交由物权单位或事权单位，并由负责人签字。交接后，各参战单位应清点人数，整理装备，统一撤离现场。

目前国际上比较通用的应急处置程序有CSTI应变程序和HAZMAT应变程序。CSTI应变程序是美国加州应急办公室特殊训练中心针对化学品事故提出的应变策略，包括灾害现场、指挥及评估灾情、抢险救援和灾后处置4个阶段，可以概况为SINCIAPCPDDD，其中每个字母分别代表一个应变原则，具体流程见图5-2。应急原则简单来说就是"以人为本，准确迅速"。"以人为本"不仅要注意强调救人的重要性，还要强调救援人员的自我保护。

HAZMAT近年来被美国化灾应变部队作为制定化灾应变程序的参照，包括危险物质辨识、制定行动方案、建立管制和疏散区域、建立应急指挥部、请求外部支援和灾后处理6部分。

以Q港A轮货泵舱货油管系滤器故障导致的石脑油泄漏事件为案例进行应急处置程序说明，具体见图5-3。第一阶段是船舶值班人员及时预警，组织疏散，做好警戒、防护和现场处置；接着移泊至安全水域，清污，海域人员疏散，减少事故再扩散的可能性。第二阶段包括成立应急指挥部、专家组，制定应急处置方案，相关人员就位等。第三阶段包括应急处置方案实施、现场环境监测。第四阶段包括环境监测、洗消、现场恢复和撤离。

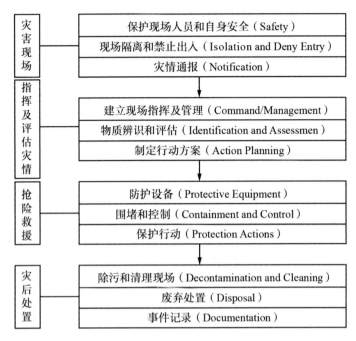

图 5-2　CSIT 应变程序

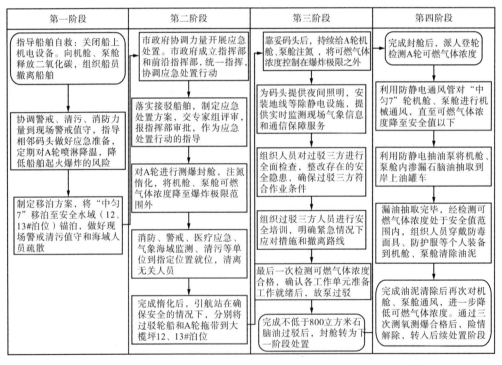

图 5-3　A 轮应急处置流程

从以往化学品泄漏事件的应急处置中可以看出,事件发生后的应急处置方案显得尤为重要。如能确定合理的应急处置方案和正确的应急处置措施,对于降低危险化学品泄漏导致事故的严重程度、事故造成的人员伤亡和财产损失等至关重要。但是为避免危险品泄漏入海事故,关键还在于预防。以船舶溢油事故为例,国际油轮船东防污染联合会(The International Tanker Owners Pollution Federation,ITOPF)统计数据显示,近年来大中型溢油事故造成了较大比例的总泄漏量,且造成这些中大型油轮溢油事故主要原因为碰撞、搁浅和设备故障,占比62%,说明人为因素占据了较大成分,这些事故皆属于可预防。因此,在危化品海上运输、港口贮存以及使用等过程中一方面需要加强危险化学品的安全管理,制定应急处置预案,落实安全责任,做好预防工作;另一方面需要加强专业培训和应急演练,强化、落实并完善危化品险情处置应急预案。

5.2.3 危险品泄漏的处置技术方法

1.泄漏源处置

危险化学品一旦发生泄漏,无论是否发生爆炸或燃烧,都必须设法消除泄漏,堵漏是处置化学危险品事故的根本方法,常用的堵漏方法有以下几种。

(1)工艺方法

采取工艺堵漏是最简单也是最有效的方法,因此该法一般也是首选的方法。但工艺堵漏要在事故单位工程技术人员和消防研究配合下进行,最好由事故单位人员操作,消防人员配合掩护。工艺堵漏的方法有关闭上游阀门、关闭进料阀门和工艺倒罐等。泄漏点处在阀门之后且阀门尚未损坏,可协助技术人员或在技术人员指导下,使用喷雾水枪掩护,关阀止漏。

(2)带压堵漏

带压堵漏的方法有楔塞法、捆扎法、注胶法及上罩堵漏法等。设备焊缝气孔、沙眼等较小孔洞引起的泄漏,管线断裂等可用楔塞堵漏或气垫内封、外封堵漏,用于堵漏的楔塞有木楔、充气胶楔等。小型低压容器、管线破裂可用捆扎法堵漏,捆扎堵漏的关键部件是密封气垫,此时气垫充气压力应大于泄漏介质压力。管道破裂、阀门材料老化、法兰面缝隙泄漏等用胶黏法或强压注胶堵漏方法最理想,本体侧面、侧下不规则洞状泄漏应采用磁力堵漏法堵漏;压力容器的入孔、安全阀、放散管、液位计、压力表、温度表、液相管、气相管、排污管泄漏口呈规则状时,应用塞楔堵漏;呈不规则状时应用夹具堵漏;需要临时制作卡具时,制作卡具的企业应具备生产资质。不同的泄漏部位应选用不同的卡具,不同的泄漏介质选用不同的密封胶。对大型容器大孔洞破裂、阀门根部开裂、入孔根部开裂,选用上罩堵漏法比较有效。

(3)倒罐输转

不能有效堵漏时,采取下列方法进行倒罐输转:装置泄漏宜采用压缩机倒罐;罐区泄漏宜采用烃泵倒罐或压缩气体倒罐;移动容器泄漏宜采用压力差倒罐;无法倒罐的液态或固态泄漏介质,可将介质转移到其他容器或人工池中。

(4)放空点燃

无法处理的且能被点燃以降低危险的泄漏气体,可通过临时设置导管,采用自然方式或用排风机将其送至空旷地方,装设适当喷头烧掉。

(5)惰性气体置换

倒罐输转或放空点燃后应向储罐内充入惰性气体,置换残余气体。对无法堵漏的容器,当其泄漏至常压后也应用惰性气体实施置换。

2.泄漏介质处置

(1)气体类危险化学品

气体类易挥发的危险化学品一般具有毒性,在泄漏后易快速扩散到外部环境中,难以消散。处理易挥发有毒化学品泄漏事故时,需利用模型预测气体的扩散趋势和浓度指标,及时有效地划定危险区域并做好相应的警戒工作。易挥发的危险化学品还存在较大的易燃易爆安全隐患,利用扩散模型分析危险气体浓度和相关参数指标时一般将爆炸浓度控制在10%,由此设定警戒区域,保证警戒范围内不存在任何火源,降低火灾爆炸风险。通常处理易挥发泄漏化学物质时可采取的方式有喷剂稀释、化学中和以及外力驱散法。

使用喷雾水枪、屏风水枪,设置水幕或蒸汽幕,驱散积聚、流动的气体,稀释气体浓度,中和具有酸碱性的气体,防止形成爆炸性混合物或毒性气体向外扩散,同时需要构筑围堤或挖坑收容处置过程中产生的大量废水。例如,对溶于水或稀碱液等的气体可利用水或 Na_2CO_3 等溶液喷雾稀释。常见危险气体溶解情况见表5-3。

表 5-3　常见危险气体的溶解情况

气体种类	水	碱性溶液	酸性溶液	产物毒性
液化石油气、天然气、煤气、氢气	不溶	不溶	不溶	—
氯气、硫化氢	溶解	溶解	不溶	无毒或低毒
氨气	溶解	不溶	溶解	无毒或低毒

（2）液体类危险化学品

对于小量液体泄漏介质可用沙土、活性炭、蛭石或其他惰性材料吸收。如果是可燃性液体，也可在保证安全情况下就地焚烧。对于大量泄漏的液体泄漏介质，为了避免其入海，一般处置措施为：用沙袋、内封式堵漏袋封闭泄漏现场的下水道口或排洪沟口；用雾状水或相应稀释剂驱散、稀释蒸气；用泡沫或水泥等其他物质覆盖，降低蒸气危害；用沙袋或泥土筑堤拦截，或挖坑导流、蓄积、收容；若是酸碱性物质，还可向沟、坑内投入中和（消毒）剂；最后用泵将泄漏介质转移至槽车或专用收集器内，回收或运至废物处理场所处置。

（3）固体类危险化学品

少量泄漏或现场残留的固体介质，可用洁净的铲子将泄漏介质收集到洁净、干燥、有盖的容器中，转移至安全场所，可在保证安全的情况下就地焚烧。对于易燃易爆泄漏介质，要注意避免扬尘，并使用无火花工具；对于遇湿易燃泄漏介质，可收集于干燥、洁净、有盖的容器中；对于化学性质特别活泼的物质，如活泼钠，需保存在煤油或液体石蜡中；对于腐蚀性泄漏介质，泄漏地面应撒上沙土、干燥石灰、煤灰或苏打灰等，然后用大量水冲洗，冲洗水经稀释后排入废水处理系统。

如果是大量泄漏的危险化学品，需构筑围堤收容。对于易燃易爆泄漏介质可用水润湿（遇湿易燃泄漏介质除外），或用塑料布、帆布覆盖然后收集、转移、回收或无害化处理后废弃；无法及时回收需要避光、干燥保存的物质，可用帆布临时覆盖；无法回收或回收价值不大的介质，可用水泥、沥青、热塑性材料固化后废弃。大量腐蚀性泄漏介质可视情况用喷雾状水进行冷却和稀释；然后，用泵或适用工具将泄漏介质转移至槽车或专用收集器内，回收或运至危险废物处理场所处置。

（4）漂浮型危险化学品

对于易破坏环境、易挥发和易燃易爆的入海漂浮物质，可通过化学泡沫进行覆盖处理，一方面可有效降低挥发程度，减轻易燃易爆风险；另一方面有助于回收处理。

此时注意事项包括：选择的泡沫要和泄漏化学品不相容，同时结合泄漏物性质具体选型；实际使用各种泡沫的过程中，要至多间隔一小时进行循环覆盖，保证挥发程度有效控制，如果条件允许，要保证漂浮物质全部去除。

挥发较慢的漂浮液体可选择合理的吸收试剂。目前常见的水上危险化学品吸收试剂差异明显，具体适用场合各不相同，在实际处理泄漏事故中协同使用可以发挥更有效的作用，如采用立方体或球状泡沫塑料覆盖在漂浮物质上，再利用水栅阻隔更能起到有效吸收作用。处理过程的注意事项有：吸附试剂要制成块状或片状，由此增大接触范围，优化吸收效果；对使用后的吸附试剂要集中处理，同时对吸收的化学品也要有效处置；一旦吸收试剂达到饱和就需要重新脱附才能重复使用。

如果泄漏物质的易燃易爆风险较低，处理时就可以在泄漏位置进行点燃操作，将漂浮物质燃烧，由此不仅可以去除漂浮物质，还能降低风险。该法的适用范围如下：具有可燃性，且燃烧产物无毒或低毒；水面、海面相对平静的泄漏现场；泄漏量小的泄漏现场。使用注意事项包括：点火方法的选择；做好处置人员的个人防护；点火时一定要在上风方向进行；避免发生次生火灾。

3.清理泄漏现场及处置行动要求

用喷雾水、蒸汽、惰性气体清扫现场内事故罐、管道、低洼、沟渠等处，确保不留残气(液)。少量残液，用干沙土、水泥粉、煤灰等吸附，收集后做无害化处理。在污染地面上洒上中和剂或洗涤剂浸洗，然后用清水冲洗现场，特别是低洼、沟渠等处，确保不留残物。少量残留遇湿易燃泄漏介质可用干沙土、水泥粉等覆盖。

处置行动的基本要求包括：应选择上风或侧上风方向进入现场，车停在上风或侧上风方向，避开低洼地带，车头朝向撤退方向；严禁人员和车辆在泄漏区域的下水道或地下空间的正上方及其附近、井口以及卧罐两端处停留；安全员全程观察、监测现场危险区域或部位可能发生的危险迹象；堵漏操作时，应以泄漏点为中心，在储罐或容器的四周设置水幕、喷雾水枪等对泄漏扩散的气体进行围堵、驱散或稀释降毒；一线处置人员应少而精。采取工艺措施处置时，应掩护和配合事故单位和专业工程技术人员实施。当现场出现爆炸险情征兆威胁到处置人员的生命安全时，应当立即命令处置人员撤离到安全地带并清点人数，待条件具备时，再组织处置行动；对易燃易爆介质倒罐时应采取导线接地等防静电措施；洗消污水的处理要在环保部门的检测指导下进行。

对有毒性泄漏介质处置还应做到：泄漏危险区应设有毒品警告标志；需要采取工艺措施处置时，处置人员应掩护和配合事故单位和专业工程技术人员实施；对参与处置人员的身体状况，应进行跟踪检查。

对爆炸性泄漏介质处置还应做到：现场应禁绝火源、电源、静电源、机械火花；高热、高能设备应停止工作；若泄漏区有非防爆电器开关存在，则不应改变其工作状态；避免撞击和摩擦泄漏介质；避免现场的震动和扬尘；防止泄漏介质进入下水道、排洪沟等狭小空间。

对腐蚀性泄漏介质处置还应做到：采取措施避免处置人员皮肤、眼睛、黏膜接触泄漏介质；禁止泄漏介质与易燃或可燃物、强氧化剂、强还原剂接触。

4.洗消

受到有毒或腐蚀性泄漏介质污染的人员、装备和环境都应洗消，洗消应坚持"合理防护、及时彻底、保障重点、保护环境、避免洗消过度"的原则。洗消包括以下几个部分。

（1）公众洗消

到达洗消站的受沾染公众采取固定洗消，洗消站洗消应包括以下步骤和内容：在交通便利、场地平整的现场上风方向的轻度危险区边缘处，架设洗消帐篷，设立公众洗消站；洗消帐篷前设待洗区、接待处和衣物存放处；接待处对公众进行沾染的检测、伤情初步判断和分类；进入待洗区领取淋浴用品后进入洗消帐篷淋浴冲洗，等候洗消，在洗消中，重症伤员应有医护人员监护；淋浴后进行检测，不合格者重新冲洗，直至合格；合格后，洗消用品放入指定回收点，更换清洁的衣物；洗消后，伤者进行医疗救治。

不能及时到洗消站的受沾染公众采取机动洗消，机动洗消包括以下步骤和内容：对受沾染的人员，利用喷雾水进行全身冲洗；对于皮肤局部受沾染的人员，除去受沾染部位衣物，用纱布或棉布吸去可见的毒液或可疑液滴，选用相应的消毒剂对沾染部位进行洗消；对于眼睛部位受沾染的人员，用眼睛冲洗器冲洗，或用水、敌腐特灵洗眼液等冲洗沾染部位。

（2）处置人员洗消

处置人员洗消包括以下步骤和内容：搭建处置人员洗消帐篷或设置洗消器具，地面铺设耐磨、耐腐、防水隔离材料；处置人员身着防护服进入洗消帐篷或利用洗消器具进行冲洗，注意死角的冲洗；检测合格后进入安全区，脱去防护装具，放入塑料袋中密封,待处理;对于不能及时到洗消站洗消的处置人员,利用单人洗消圈、清洗机、喷雾器等装备进行冲洗。

(3)装备洗消

车辆洗消包括以下步骤和内容:利用洗消车、消防车或其他洗消装备等架设车辆洗消通道;选择合适的洗消剂,配制适宜的洗消液浓度,调整好水温、水压、流速和喷射角度,对受污染车辆进行洗消;卸下车辆的车载装备,集中在器材装备洗消区进行洗消;对于不能到洗消通道洗消的受污染车辆,可利用高压清洗机或水枪就地对其实施由上而下冲洗,然后对车辆隐蔽部位进行彻底的清洗;被洗消的车辆经检测合格后方可进入安全区。

器材装备洗消包括以下步骤和内容:将器材装备放置在器材装备洗消区的耐磨、耐腐、防水的衬垫上;将器材装备分为耐水和不耐水、精密和非精密仪器装备,登记;选择合适的洗消剂及其浓度;耐水装备可用高压清洗机或高压水枪进行冲洗;精密仪器和不耐水的仪器,用棉签、棉纱布、毛刷等进行擦洗;检测合格后方可带入安全区。

(4)地面和建筑物表面洗消

地面和建筑物洗消包括以下步骤和内容:根据现场地形和建筑物分布特点,将现场划分成若干个洗消作业区域;确定洗消方法,对洗消车、检测仪器与人员编组;对各洗消作业区域从上风向开始,逐片逐段实施洗消,直至检测合格。

(5)泄漏介质洗消方法

对人体表面沾染后的洗消,依据不同介质洗消方法也不同。对于有毒泄漏介质,先用纱布或棉布吸去人体表面沾染的可见毒液或可疑液滴;然后根据有毒性泄漏介质的特性,选用相应的洗消剂对皮肤进行清洗;再利用约 40 ℃温水(可加中性肥皂水或洗涤剂)冲洗。对于酸性腐蚀性泄漏介质,可利用约 40 ℃温水(可加中性肥皂水或洗涤剂)冲洗;局部洗消可用清水、碳酸钠溶液、碳酸氢钠溶液、专用洗消液等洗消剂清洗。对于碱性腐蚀性泄漏介质,可利用约 40 ℃温水(可加中性肥皂水或洗涤剂)冲洗;局部洗消可用清水、硼酸、专用洗消液等洗消剂清洗。

对物体表面沾染的化学消毒方法为:对有毒泄漏介质,将石灰粉、漂白粉、三合二等溶液喷洒在染毒区域或受污染物体表面,进行化学反应,形成无毒或低毒物质;对于酸性腐蚀性泄漏介质,用石灰乳、氢氧化钠、氢氧化钙、氨水等碱性溶液喷洒在染毒区域或受污染物体表面,进行化学中和;对于碱性腐蚀性泄漏介质,用稀硫酸等酸性水溶液喷洒在染毒区域或受污染物体表面,进行化学中和。除了化学消毒外还可以使用冲洗稀释法、吸附转移法、溶洗去毒法和机械清除对沾染物体进行洗消。

5.3 危险品泄漏入海的案例分析

5.3.1 天津港"8·12"爆炸事故

1.事故现场

2015 年 8 月 12 日 22 时 51 分 46 秒,位于天津市滨海新区吉运二道 95 号的瑞海公司危险品仓库运抵区(117°44′11.64″E,39°02′22.98″N,"待申报装船出口货物运抵区"的简称,图 5-4)开始起火,23 时 34 分 06 秒发生第一次爆炸,23 时 34 分 37 秒发生第二次更剧烈的爆炸,事故现场形成 6 处大火点及数十个小火点。至 2015 年 12 月 10 日,事故造成 165 人遇难、8 人失踪、798 人受伤住院治疗,304 幢建筑物、12428 辆商品汽车、7533 个集装箱受损,依据《企业职工伤亡事故经济损失统计标准》(GB 6721—1986)等标准和规定统计,事故调查组已核定直接经济损失 68.66 亿元人民币。

事故发生后的 22 时 52 分,110 指挥中心接到火灾报警,消防四大队紧急赶赴现场。指挥员向现场工作人员询问具体起火物质,但现场人员均不知情。随后指挥员组织现场吊车清理被集装箱占用的消防通道,但未果。消防员利用水枪、车载炮控制火势蔓延。2 个消防大队、6 个消防中队被派参与灭火救援,组织疏散在场工作人员以及附近群众 100 余人。

23 时 34 分 06 秒,第一次爆炸发生,其能量约为 15 吨 TNT 当量;30 秒后,更剧烈的第二次爆炸发生,能量约为 430 吨 TNT 当量。23 时 40 分,天津消防总队全勤指挥部再次调集 9 个消防中队 35 辆消防车赶赴增援。8 月 13 日凌晨 1 时左右,应急总指挥部正式宣布成立,由天津市委代理书记担任总指挥,指挥部下设五个工作组,以灭火、防爆、防化、防疫、防污染为重点,统筹组织协调解放军、武警、公安及安监、卫生、环保、气象等相关部门力量,积极稳妥推进救援处置工作。公安消防部队会同解

图 5-4 天津港"8·12"爆炸事故现场

放军、武警部队等组成多个搜救小组,针对现场存放的各类危险化学品的不同理化性质,利用泡沫、干沙、干粉进行分类防控灭火。至 8 月 14 日 16 时 40 分,现场明火被扑灭。

2.事故后应急处置

（1）危化品处置方案

为妥善、安全地处置"8·12"事故现场,采用了"一探、二查、三封、四堵、五消、六洗、七移、八埋"的危化品处置方案。由于事故初期现场危险货物底数不清、种类未知,救援处置进展较缓慢,因此事故救援处置组先对现场危险化学品种类、数量、化学品性质、爆炸前的位置、包装储存方式等进行了探查,派遣防化、环保等专业机构对现场进行取样和检测工作,以确定科学合理的处置方案。整体而言,"8·12"事故存在危险货物品种多、数量大、种类未知,且在处置过程中不断发生小规模着火、爆炸等情况,条件较复杂(图 5-5)。

探查时处置组紧急调用了氮封车,对样品进行惰性保护,确保其不再发生着火爆炸。根据取样分析结果显示,爆炸中心点主要残留物为硫化物和氰化物,水体呈强碱性。专家辨识残留危险品品种、性质后提出相应处置措施,根据不同化学物质的特性,选用沙子、水、干粉、泡沫等进行有目的的处置。

应急救援人员首先对氰化钠进行了处理,救援人员佩戴全面罩、防氢氰酸型滤毒

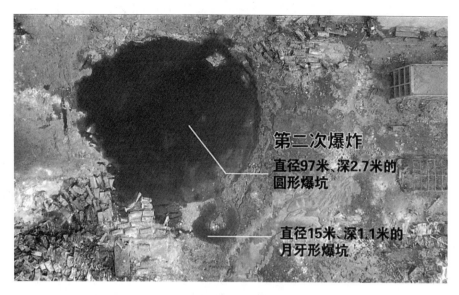

图 5-5 "8·12"事故形成的爆坑现场航拍图

盒,身穿连体式轻型防化服,对散落的氰化钠采用帆布或塑料布遮盖,对收集的泄漏物运回生产企业回收或交托有资质的单位进行专业处理,对于受污染的包装物直接用双氧水或漂白液浸泡处理,检验合格后进行焚烧处理。污染区用适量双氧水、次氯酸钠溶液或漂白粉乳液喷洒、浸泡进行洗消处理。应急救援队对核心区和万科新港城等外围小区的氰化钠进行了 3 次捡拾清理。最终,共捡拾收集散落氰化钠 170 kg,疑似含有氰化物等危险化学品的爆炸废弃物约 3 t。

对于其他危险货物,应急救援小组建立了现场应急处置专用场地,按照集装箱内可能存储的危险化学品种类,对集装箱进行分区和分类堆放,并留出足够的安全距离。现场洗消清理出的集装箱体,检测合格后直接运往钢厂处置。为减少核心区外的污染,所有救援人员、车辆、设备在离开核心区后均需进行化学洗消。对于事故现场实在无法处理的废物,则按照《固体废物污染环境防治法》进行填埋处理。

(2)环境监测

事故处置组还开展了环境应急监测,并对受污染水体进行了处理处置,包括在事故中心区周围构筑 1 米高的围埝,封堵 4 处排海口、3 处地表水沟渠和 12 处雨污排水管道等,把污水封闭在事故中心区内,并按照浓度高低,科学、多途径地开展了污水处置,实现了达标排放。同时,对事故中心区及周边大气、水、土壤、海洋环境实行 24 小时不间断监测,采取针对性防范处置措施,防止环境污染扩大。如交通运输部海事局制定海上应急保障应对措施,做好该水域由于爆炸事故处置及天气等原因,可能引起污染物溢漏入海的污染防控工作,同时在天津港北港池口门设置污染防控警戒线。天津海关下辖有关海关为保证企业紧急通关业务办理,分别设立应急临时办理窗口等。

从海洋环境污染情况看,天津港事故主要污染物为氰化物,但由于海水容量大,事故处置过程中采取的措施得当,并从严执行排放标准,本次事故对天津渤海湾海洋环境基本未造成影响。在临近事故现场的天津港北港池海域、天津东疆港区外海、北塘口海域约 30 公里范围内开展的海洋环境应急监测结果显示,海水中氰化物平均浓度为 0.00086 mg/L,远低于海水水质 Ⅰ 类标准值 0.005 mg/L。此外,与历史同期监测数据相比,挥发酚、有机碳、多环芳烃等污染物浓度未见异常,浮游生物的种类、密度与生物量未见变化。

(3)医疗救治和善后处理情况

国家卫计委和天津市政府组织医疗专家,抽调 9000 多名医务人员,全力做好伤员救治工作,努力提高抢救成功率,降低死亡率和致残率。由国家级、市级专家组成 4 个专家救治组和 5 个专家巡视组,逐一摸排伤员伤情,共同制定诊疗方案;同时组建两支重症医学护理应急队,精心护理危重症伤员;对所有伤员进行筛查,跟进康复治疗;实施出院伤员与基层医疗机构无缝衔接,按辖区属地管理原则,由社区医疗机构免费提供基本医疗;实施心理危机干预与医疗救治无缝衔接,做好伤员、牺牲遇难人员家属、救援人员等人群心理干预工作;同步做好卫生防疫工作,加强居民安置点疾病防控,安置点未发生传染病疫情。

总的来看,本次事故现场处置工作有力有序有效,没有发生次生事故灾害,没有发生新的人员伤亡,没有引发重大社会不稳定事件。爆炸发生前,天津港公安局消防支队及天津市公安消防总队初期响应和人员出动迅速,及时采取措施冷却控制火势,疏散在场群众;爆炸发生后,面对复杂的危险化学品事故现场,应急指挥部迅速协调组织各方面力量科学施救,稳妥处置,全力做好人员搜救、伤员救治、隐患排查、环境监测、现场清理、善后安抚等工作。

3.事故总结

调查组对事故产生的直接原因进行调查,发现是瑞海公司危险品仓库运抵区南侧集装箱内硝化棉由于湿润剂散失出现局部干燥,在高温等因素的作用下加速分解放热、积热自燃,引起相邻集装箱内的硝化棉和其他危险化学品长时间、大面积燃烧,导致硝酸铵等危险化学品发生爆炸。

　　该事故中,瑞海国际物流有限公司没有开展风险评估和危险源辨识评估工作,应急预案流于形式为首要因素。在事故发生时,该公司不具备初起火灾的扑救能力,消防支队没有针对不同性质的危险化学品准备相应的预案、灭火救援装备和物资,消防队员缺乏专业训练演练,危险化学品事故处置能力不强是次要因素。最后,天津市政府在应急处置中的信息发布工作一度安排不周、应对不妥也是因素之一。

　　天津港"8·12"爆炸事故也为我国港口安全管理和建设敲响了警钟。目前,从全国范围来看,均存在专业危险化学品应急救援队伍和装备不足,无法满足处置种类众多、危险特性各异的危险化学品事故需要的问题。对于"8·12"事故暴露出的问题,部分学者提出可以参考香港特别行政区对于危险品事故的应急预案流程,即在危险品仓库申请牌照时,消防处派专人检视需储存危险品的分类、性质、化学名称、最大库存,确保其仓库选址符合规定,并将相关数据录入信息平台;在危险品储存仓库发生事故后,信息平台会及时发布位置、牌照类别、危险品仓库信息并提示通信中心人员将相关信息通知前线人员;与此同时,所有参与救援的消防车辆可以在赶赴现场的途中查阅相关信息,进行风险评估,了解涉及危险品的种类和特性,包括参考相关的包装、标记、卷标、物料安全数据表、托运通知书等,从而根据不同危险品的种类和特性制定相应的灭火及救援策略。

5.3.2 日本福岛核事故

1.事故现场及影响

　　日本当地时间 2011 年 3 月 11 日 14 时 46 分,日本东部发生了自 1900 年以来日本第一、全球第四的"东日本大地震"。地震震级达里氏 9.0 级,其引发的巨大海啸,袭击了日本东部沿海,超过 14 m 高的海啸越过东京电力公司(简称"东电公司")运营的福岛第一核电站厂区 5.7 m 高的海堤,摧毁了备用柴油发电机和燃油储存罐,致使因地震已自动停堆的 1～3 号反应堆及 1～4 号乏燃料池失去冷却能力,反应堆芯温度在衰变热作用下持续升高引发高温锆水反应(图 5-6)。3 月 12 日 15 时 36 分泄压后,1 号机组厂房发生氢气爆炸,4 名工作人员受伤,反应堆容器中的气压已达到设计值的 1.5 倍,核电站正门附近的辐射量是通常的 70 倍以上。3 月 14 日 11 时 01 分,3 号机组发生氢气爆炸。3 月 15 日清晨 6 时 10 分,2 号机组反应堆控制压力池损坏引发爆炸和冒烟事件,4 号机组发生氢气爆炸导致火灾。3 月 16 日清晨 5 时 45 分 4 号机组再度发生火情。3 月 18 日在核电厂西北方 30 km 的地方检测到 150 μSv/h 的高辐射剂量率。

图 5-6　福岛第一核电站厂区

据估计,大约有 1.6×10^{17} Bq 的放射性碘同位素和 1.5×10^{16} Bq 的放射性铯同位素泄漏到大气中,大约有 4.7×10^{15} Bq 的放射性总量排入海水中,污染的面积达到 800 km²,比切尔诺贝利事故后划定的疏散区域还要大。根据此次事故造成的环境后果,该事故被定为国际核事件分级表中最严重的级别 7 级。

2.应急处置

(1)应急响应机构

日本的核事故应急响应总部设在东京,以核动力厂外围的 20 个场外应急中心为依托,由内阁府(各政府职能部门)、地方政府(都道府县及市町村)、许可证持有者组成会商、协调和指挥系统组成(图 5-7)。其中,经济产业省(METI)对日本所有的核动力堆拥有管辖权,所属的原子力安全・保安院(NISA)在核安全监管上具有明确的权限和职能。NISA 于 2003 年 10 月设立的原子力安全机构(JNES)作为其技术支持机构。日本核事故场外应急响应中心(OFC)分布在核动力厂的外围地带,主要具有如下设备和技术支持系统:(1)显示系统,可显示电视会议、ERSS(应急响应支持系统)、SPEEDI(环境应急剂量预测信息系统)等提供的信息;(2)电视会议系统;(3)辐射监测系统;(4)气象信息系统;(5)网络系统;(6)通信设备;(7)卫星通信系统;(8)器材和设备,如剂量计、劳保用品等。

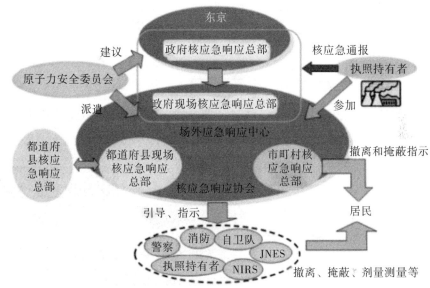

注:NIRS为放射线医学综合研究所。

图 5-7　日本核事故响应和应急体系

福岛核事故发生后,日本政府构成了以首相为核心的内阁政府、地方政府和许可证持有者三位一体的应急响应机构,同时按照《紧急事态基本法》和《核应急准备特别处置法》等相关法律逐步启动了不同等级的应急响应。基于《核应急准备特别处置法》初期应对本次事故的应急响应流程见图 5-8。3 月 11 日 15 时 42 分 METI/NISA 收到福岛第一核电站的第一级事件通报(运行中丧失全部交流电源),设置原子力灾害警戒本部及现场警戒本部。16 时原子力安全委员会(NSC)召开临时会议成立应急技术建议组织。16 时 36 分内阁危机管理局设置了针对该次事故的官邸对策室。19 时 03 分首相发布核事故紧急事态宣言,设置原子力灾害对策本部和前沿对策本部。此外,相关府省成立应急对策相关响应组织。

3 月 12 日 3 时 20 分,OFC 应急电源恢复,现场对策本部回到 OFC,并向相关地方自治体发出所掌握的避难情况、向民众通报、准备稳定性碘片、实施应急监测、人员污染检查及去污等相关指示。因 OFC 无可利用的电站信息,ERSS 和 SPEEDI 不能运转,NSC 与日本原子力研究开发机构合作研究了替代方案,由监测结果进行逆推算得到释放源项资料,3 月 23 日开始陆续发布 SPEEDI 评估的辐射剂量的定量计算结果。

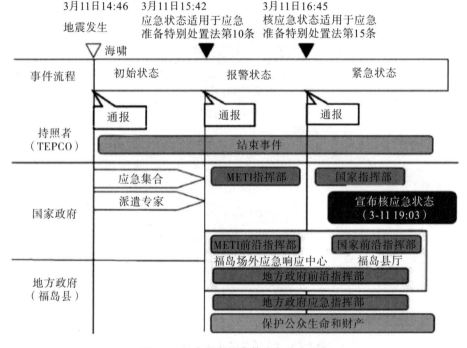

图 5-8　日本福岛核事故应急响应流程

(2)厂区应急措施

应急力量除了厂区内以福岛核电站站长为应急对策本部长,下辖信息组、通信组、宣传组、技术组、安保组、重建组、发电组等以外,还有由放射医学综合研究所、日本原子力研发机构等组成的专业应急支援力量。此外,政府机构许多力量都参与了救援,包括自卫队、警察和消防等。3 月 11 日,日本中央快速反应集团的特殊武器防护队 6 辆除辐射车辆首先赶到福岛第一核电站,3 月 15 日,特殊防化部队赶到福岛第一核电站,接替特殊武器防护队。3 月 20 日,动用具有防辐射功能的 74 式坦克执行清障任务。3 月 21 日,2 辆 74 式坦克的前面部位装上推土板,改造成推土机,担负了清障任务。事故后,警察出动了 54 台电源车和若干高压喷水车。日本消防部门先后将 12 辆泵车暂交东京电力公司使用。3 月 18 日,东京消防厅出动包括特别灾害应对车在内的 30 车队。

为了恢复核电站冷却系统以及其他设备的功能,东电公司与支援力量协作进行了电源抢修。抢修电源一是用高压电源车对电源进行修复,二是对外部电源进行修复,三是搬送电池。为了冷却反应堆和乏燃料池,东电公司采取排气、注水、注入硼酸、循环注水、充氮等措施,具体如下:

3 月 12 日起从 1 号机组反应堆安全壳内向外排放蒸汽,并利用消防水泵,直接向 1 号机组注入海水进行冷却。此操作虽然引发了 1 号反应堆厂房内的氢气爆炸,但消除了安全壳发生爆炸的风险。

3 月 13 日下午和 3 月 14 日下午分别开始向 3 号机组反应堆和 2 号机组反应堆注入海水。3 月 17 日、3 月 20 日、3 月 21 日和 3 月 31 日分别向 3 号机组、2 号机组、4 号机组和 1 号机组乏燃料池注水。3 月 25 日下午和 3 月 26 日上午分别改用淡水注入 1 号、3 号机组反应堆和 2 号机组反应堆内部,对其进行冷却。为防止核燃料棒再次达到临界状态,在向反应堆注入海水的同时还注入了一定量的硼酸。

从 2011 年 6 月 27 日开始,结合污水处理开始采用循环注水,对 1 号、2 号、3 号机组反应堆进行冷却,为了防止反应堆安全壳中氢气积聚引发爆炸,4 月 7 日、6 月 28 日和 7 月 14 日分别开始向 1 号机组、2 号机组和 3 号机组安全壳内充入氮气,以降低氢气和氧气的比率。

(3)人员疏散和事故监测

3 月 11 日 20 点 50 分福岛县对策本部对福岛第一核电站半径 2 km 范围内的居民发出了撤离指示。21 点 23 分因 1 号机组堆芯无法冷却,为预防该状况持续,对福岛第一核电站半径 3 km 范围内的居民发出了撤离指示,对福岛第一核电站半径 10 km 范围内的居民发出了室内隐蔽指示。3 月 12 日 5 点 44 分对福岛第一核电站半径 10 km 范围内的居民发出了撤离指示。18 点 25 分 1 号机组反应堆厂房氢爆,对福岛第一核电站半径 20 km 范围内的居民发出了撤离指示。3 月 15 日 11 点整因福岛第一核电站多台机组出现各类问题,对福岛第一核电站半径 20～30 km 范围内的居民发出了室内隐蔽指示。3 月末,现场对策本部及福岛县灾害对策本部要求禁止进入 20 km 区域。4 月 21 日,指令将半径 20 km 范围内设为警戒区域。

为了掌握核事故状态,采用多种手段对核电站事态进行监控。核事故发生后,防卫省派出多架飞机对事故状态进行监测。3 月 20 日公开了用红外相机从空中拍摄的福岛第一核电站的红外温度图像,从 3 月 22 日起,自卫队派直升机开始每天对福岛核电站的表面温度进行测量和监控。日本政府 4 月 8 日使用美国微型无人机监测福岛核电站燃料池附近的辐射水平。4 月 17 日启用两台美国制造的 iRobot 机器人，探测福岛第一核电站 3 号机组所在建筑内的放射剂量、温度和氧气浓度等数据。

（4）辐射防护和去污

福岛核电站发生事故后，日本政府和东京电力公司对人员和环境采取一系列防护和去污措施。3 月 17 日起对抢险作业人员进行入厂前的防护和出厂时的污染检测。2000 多名自卫队人员全天佩戴防毒面具，穿着辐射防护服装，在核电站周边对参与作业的人员和设备进行放射性污染的洗消。3 月 21 日，对福岛第一核电站半径 20 km 范围内 12 个市町村的居民发放碘片。在此之前，距离核电站较远地区的磐城市已经给该市不满 40 岁的居民单独发放碘片。在整个日本核事故救援过程中要求作业人员进入核事故区域，必须穿戴防护服、手套、防毒面具等防护装备，根据天气和作业场所的污染情况，必要时还要求穿着靴子。所有作业人员均服用碘化钾药物进行预防。2012 年 1 月 1 日起，日本全面实施《放射性物质环境污染应对去污特别措施法》，针对因福岛核事故导致个人年剂量增加超过 1 mSv，导出剂量率水平为 0.23 μSv/h（含 0.04 μSv/h 天然本底）的重点调查地区，分别制定去污实施方案。去污作业主要措施包括去除被污染的表面土壤，处理被污染的树木及落叶，对被污染的建筑物外墙进行洗刷等。其基本目标是将事故引起的附加年有效剂量降至 1 mSv 以下。

3.原因及反思

2015 年 8 月 31 日，国际原子能机构（IAEA）理事会发布了《福岛第一核电厂事故——总干事的报告》（以下简称《总干事的报告》）。《总干事的报告》认为福岛第一核电厂事故由紧接大地震而来的巨大海啸导致，是 1986 年切尔诺贝利灾难以来在核电厂发生的最严重事故。该事故的特征是极端自然灾害引起长时间全厂完全断电（无动力电源、无照明、无仪表指示和无控制手段），同时丧失最终热阱，局部位置不可达，多机组相继发生堆熔，在未预计到的位置发生氢气爆炸以及大量放射性物质释放。促成该事故的一个主要人为因素是在日本人们广泛推测本国的核电厂非常安全。因此，日本没有为此次核事故做好充分准备。该事故也暴露了日本监管框架的某些不足：职责被划分给一些机构，权限归属并不总是清晰明确。

根据相关国际组织和东京电力公司的调查与分析，导致福岛核事件的主要原因有以下几个方面。

（1）设计的缺陷和建设时对自然灾难引发的风险评估不足，即对海啸灾害没有充分的纵深防御预案。通用电气的设计师未考虑极端自然灾害发生时的风险，如发生超强地震并伴随海啸。

（2）核电站设备存在安全隐患：福岛核电站使用的是美国通用电气公司（GE）在20世纪60年代研发的"BWR-3"沸水反应堆和"Mark1"安全壳，BWR-3是单循环沸水堆，只有一条冷却回路；另外机组存在设备老化问题，如1号机组于1971年3月投入商业运行，如果按照核电站40年的寿命期，福岛核电站1号机组已处于"服役"的末期。该公司确定当时反应堆外壳结构的温度至少为250 ℃，远远超过正常运行温度，而压力也远远超出设计值。

（3）运营、审查机构失职。福岛核电站大大小小的事故也发生过多起，比如1978年的临界事故，2005年里氏7.2级地震造成的核废料池溢水事故，2006年机组发生的放射性物质泄漏事故；同时，在处理福岛核电事故的过程中，操作员采取比较保守的冷却方式，直到爆炸发生也未向堆芯内注入硼水。

（4）紧急情况下应急管理经验缺失。日本政府在福岛核电站事故初期未意识到事态的严重性，没有及时主动成立相应的应急机构，并制定有效的应对方案；东电公司在电厂设计、应急准备和响应安排以及对严重事故管理的规划也存在缺失。

参考文献

[1]毕研军,赵瑞婷,刘心田.石油烃对海洋生物的毒性[J].河北渔业,2019,304(4):7-13.

[2]冉丽红.石化工业特征污染物对海洋生物毒性研究[D].舟山:浙江海洋大学,2018.

[3]贾艺,王军,荆晶.溢油分散剂及分散原油对海洋生物的毒性效应研究进展[J].海洋湖沼通报,2021,4:108-113.

[4]赵菲,于洪贤,孙旭.石油污染对海洋浮游植物和浮游动物产生的影响[J].科学技术创新,2020,24:171-172.

[5]王君丽,刘春光,冯剑丰.石油烃对海洋浮游植物生长的影响研究进展[J].环境污染与防治,2011,33(4):81-86.

[6]陈鼎豪,陈思莉,潘超逸,等.福建泉港"碳九"事件中海洋水体超标面积及大气影

响范围的确定[J].环境工程学报,2021,15(8):2536-2546.

[7]杨春生,魏利军.化学品泄漏事故现场应变程序[J].中国安全生产科学技术,2008,4(1):95-98.

[8]刘鹏坤.石化码头船舶燃爆事故的应急处置[J].化工管理,2022,7:84-87.

[9]尹晓娜,郭静,安明明.国内外船舶溢油事故原因对比分析[J].化学工程与装备,2022,6:263-264,260.

[10]张春昌,齐志鑫,武江越.危险化学品泄漏事故海洋环境质量影响评价技术研究[J].海洋湖沼通报,2019,1:71-77.

[11]毕文婷."8·12"危化品救援处置[J].劳动保护,2016,5:33-35.

[12]李文红,李卓.地震和海啸引发福岛核灾难的深思[J].中国医学装备,2013,10(9):48-51.

[13]陈晓秋,李冰,余少青.日本福岛核事故对应急准备与响应工作的启示[J].辐射防护,2012,32(6):348-361,372.

[14]王永红,刘志亮,刘冰.福岛核事故应急[M].北京:国防工业出版社,2015.

[15]赵进沛,王敏,李秀芹,等.日本福岛核事故的应急医学救援行动[J].灾害医学与救援,2013,2(2):129-132.

第六章

我国特色海洋应急管理体制

6.1 应急管理体制及其构成要素

应急管理体制是指应急管理系统的结构和组成方式,包括应急管理机构的设置、隶属关系确定、职权职责划分、横向关系协调等内容。体制以组织结构和行政职能为依托,其核心是不同主体之间的权责配置,其外在表现是应急管理组织机构的设置。海洋突发事件应急管理体制是国家应急管理体制的重要组成部分,是国家应急管理在特殊领域(即海洋)而形成的实体性要素。

应急管理体制可以从横向与纵向两个维度来观察。纵向维度是指以等级管理与行政领导为主导的各应急管理要素或单位构成,包括中央、省(部)以及市、县(区)、乡镇政府的应急管理要素;横向维度主要是针对各种类型、各种程度的突发事件以信息沟通与协作为主导的相同等级单位之间的各应急管理要素构成。

6.2 我国海洋应急管理体制的发展历程

在世界范围内,应急管理体制最初源于战备民防,即基于战争而实施的民事防护或者民众防护措施。在第一次世界大战中,空袭导致的城市破坏对普通民众的生命财产造成较大的损害,因此,作为非军事措施的民防概念应运而生。然而,战争导致的损害并不是常态,而自然灾害、技术灾害等带来的损害却时常发生。在这样的背景下,许多国家逐渐赋予民防系统/体系进行防灾救灾的功能。1979 年美国成立联邦应急管理署(FEMA)是民防体系向综合应急管理演变的重要标志,并逐渐成为一种世界性趋势。

与世界大多数国家的应急管理体系演变不同,我国的应急管理体制并非发轫于民防。我国与民防相似的职能单位是人防(即人民防空委员会)。人防在和平时期也承担着部分应急支援等职能,但其国防战略的意义更为突显。

梳理我国应急管理体制的演变,大致可以分为以下四个阶段。

第一阶段,从新中国建设之初到改革开放初期,是以应对单一灾种为主导的分部门管理体制。这一阶段实行分部门、分地区的单一灾害管理模式。这种模式的特点就是对可能引发危机的各种灾害进行测、报、防、抗、救、援都施行分部门、分地区、分灾种管理。例如,针对新中国建设初期的旱灾、蝗灾等问题,国家成立中央救灾委员会,依托于原内务部(民政部前身)。原地震局负责地震灾害的测、防与救等工作,原水利部负责防洪抗灾工作,原气象局负责应对灾害性天气问题等。这一模式的优点是突出专业化以及专责化;相关灾害的应急工作都能够有对应的主管部门,决策效率也较高。但这一模式的缺点也很明显,即各职能单位之间存在职责重叠,缺乏沟通,也容易造成应急资源的浪费。在这一阶段,我国民间用海能力薄弱,对来自海洋的突发事件问题的应对与救援工作主要是由海军负责。例如,我国于 1953 年 4 月在海运管理总局设海务、港务总监督室(对外称"中华人民共和国港务监督局"),但鲜有承担突发事件的应急管理职责。1964 年 7 月,第二届全国人民代表大会常务委员会第124 次会议批准设立国家海洋局,标志着我国建立了专门的海洋管理行政部门。成立后的国家海洋局隶属于国务院,但由海军代管。

第二阶段,从改革开放初期到 2003 年,推行议事协调机构与联席会议制度为主导的应急管理体制。在这一阶段,依托于各行政部门设定跨部门、跨单位的专项政府应急管理议事协调机构与联席会议的职能得到强化。例如,1989 年 3 月,为响应联合国倡议而成立中国国际减灾十年委员会。该委员会属于部际协调机构,由民政部牵头。2000 年 10 月,随着"国际减灾十年"接近尾声,该委员会更名为中国国际减灾委员会。2005 年 4 月,中国国际减灾委员会又更名为国家减灾委员会。此外,自 20世纪 80 年代末以来,我国还成立了国务院防汛指挥部、国家森林防火指挥部、国务院抗震救灾指挥部、国务院安委会等议事协调机构。这些机构以议事为手段、以协调为目的,没有独立的机构与编制。这些机构的建立,从一个侧面反映出我国突发事件(灾害)越发具有复杂性与跨界性。随着我国民间用海能力的提升以及国家对海洋工作的重视,海洋灾害(突发事件)的问题也逐渐引起关注。1980年,由海军代管的原国家海洋局进行整体转业,划入政府部门序列,进一步理顺其管理体制,并逐渐强化其应对海洋灾害的职责。原国家海洋局从1990年起,每年对外发布《中国海洋环境年报》和《中国海洋灾害公报》,并陆续颁布一些海洋灾害应急管理的配套性规范文件。

第三阶段,从2003年至2018年,是以政府的应急办为运转枢纽,协调其他议事机构,覆盖各类突发事件的应急管理体制。2003年"非典"的暴发,暴露出我国此前应急管理体制在应对大规模跨区域突发事件中存在着较大的缺陷,即在应对突发事件的前期准备、灾害预警、应急预案、信息整合、应急响应和灾后恢复等方面都存在薄弱环节。在这样的背景下,国务院办公厅于2006年4月发布《关于设置国务院应急管理办公室(国务院总值班室)的通知》,提出国务院办公厅设置国务院应急管理办公室(国务院总值班室),承担国务院应急管理的日常工作和国务院总值班工作,履行值守应急、信息汇总和综合协调职能,发挥运转枢纽作用。随后,省区市、地级市和县级市政府也在办公厅(室)内部设立应急办。这意味着我国突发事件的应急管理体制逐渐从单一灾种的应急管理走向综合性应急管理。在这一阶段,我国海洋突发事件的应急管理系统也快速建立健全。例如,2005年原国家海洋局颁布《关于加强海洋灾害防御工作的意见》,强调以预防为主,加强海洋灾害监测预警能力与应急响应机制建设。2007年11月,原国家海洋局应急管理领导小组成立;2008年原国家海洋局增设海洋预报与减灾司;2011年原国家海洋局海洋减灾中心成立;2013年原国家海洋局海啸预警中心成立。为了解决海洋管理特别是海洋执法力量分散,重复检查,效率不高的"九龙治海"问题,国务院于2013年将原国家海洋局及其中国海监、公安部边防海警、农业部中国渔政、海关总署海上缉私警察的队伍和职责整合,重新组建国家海洋局。这也标志着原国家海洋局承担着更多的海洋突发事件的应急管理职责。

第四阶段,从2018年至今,以2018年国务院机构改革设立应急管理部为标志。为了进一步提升我国的应急管理能力与应急管理专责机构的权威性,我国于2018年以国务院机构改革为契机,将国家安全生产监督管理总局的职责,国务院办公厅的应急管理职责,公安部的消防管理职责,民政部的救灾职责,自然资源部的地质灾害防治、水利部的水旱灾害防治、农业部的草原防火、国家林业局的森林防火相关职责,中国地震局的震灾应急救援等部门的职责进行整合,组建应急管理部。同时,将公安消防与武警森林部队集体转隶到应急管理部,成立国家综合性消防救援队伍。此外,应急管理部还承担国务院抗震救灾指挥部、国家森林草原防灭火指挥部、国家防汛抗旱指挥部、国家减灾委、国务院安全生产委员会五个高层次议事协调机构办公室的职责。在这次机构改革中,组建自然资源部,自然资源部对外保留国家海洋局牌子,原属于国家海洋局的职责被整合。例如,原国家海洋局的海洋环境保护职责被整合到生态环境部;原海洋突发事件的应急管理职责主要由应急管理部负责。这标志着我国海洋突发事件的应急管理正式进入综合性管理体制阶段。

6.3　我国现行海洋突发事件应急管理体制

根据《突发事件应对法》,我国建立与推行"统一领导、综合协调、分类管理、分级负责、属地管理为主的应急管理体制"。

在中央层面,国务院是各类(含海洋)突发公共事件应急管理工作的最高行政领导机构。在国务院领导下,我国应急管理机构还包括应急管理领导议事机构、应急管理综合调度机构、突发事件专业管理机构和突发事件辅助管理机构等。

领导议事机构包括国家减灾委员会、国家防汛抗旱总指挥部、国务院抗震救灾指挥部、国务院安全生产委员会、国家森林草原防灭火指挥部。

应急管理综合调度机构主要由应急管理部负责,其下设应急管理指挥中心、风险监测和综合减灾司、救援协调和预案管理局、地震和地质灾害救援司、危险化学品安全监督管理一司、危险化学品安全监督管理二司、救灾和物资保障司、国际合作和救援司、科技和信息化司等职能部门。

突发事件专业管理机构主要是由应急管理部的部属单位负责,如中国地震局、消防救援局、国家安全生产应急救援中心等。从海洋突发事件应急管理角度来看,专业管理机构还应包括那些涉海的行政主管单位或部门,如自然资源部设海洋预警监测司、地质勘查管理司、国土空间生态修复司等职能部门,其工作职责包括:负责海洋观测预报、预警监测和减灾工作;参与重大海洋灾害应急处置;地质灾害的预防和治理工作;组织编制地质灾害防治规划和防护标准并指导实施;国土空间综合整治,土地整理复垦,矿山地质环境恢复治理,海洋生态、海域海岸带和海岛修复等。农业农村部渔业渔政管理局设有安全监管与应急处,负责海洋与港口安全生产监管与应急处置工作。隶属于武警部队的中国海警局(即中国人民武装警察部队海警总队)承担着对海上重大事件的应急监视、调查取证工作。隶属于交通运输部的中国海事局主要承担管辖水域的海事监管、海上人命救生和以海上人命救生为目的船舶救助、海上船舶溢油监测和应急处理,以及应对海上突发事件、维护国家海洋权益和国际交流合作等职责。

突发事件辅助管理机构包括气象部门、水利电力部门等,主要是由这些部门负责气象信息、水利信息、电力支持等辅助与支持保障工作。

基于中央层面的机构建构,各省市通常也对应地建立相应的职能部门或机构。如广东省应急管理领导议事机构包括广东省减灾委员会、广东省突发事件应急委员会和广东省安全生产委员会,而且,这些机构均由省级主要领导担任负责人。广东省的应急管理综合调度机构为应急管理厅。广东省应急管理厅负责统一组织、统一指挥、统一协调自然灾害类突发事件应急救援,统筹综合防灾减灾救灾工作。再如,山东省应急管理机构的设置为山东省安全生产委员会、防汛抗旱指挥部、森林草原防灭火指挥部、防震救灾指挥部。其中,山东省安全生产委员会设有海洋渔业安全生产专业委员会、港口安全生产专业委员会等16个安全生产专业委员会。委员会或指挥部办公室大多数设置于应急管理厅。在专业管理机构方面,除了消防救援、地震救灾等单位外,还可以包括海洋与渔业局、海事局等单位。如海洋与渔业局承担的职能职责包括负责海洋、渔业防灾减灾工作,负责海洋观测预报和海洋灾害预警报,组织海洋灾害影响评估和灾后生产恢复工作。

6.4　海洋突发事件应急预案体系

海洋突发事件应急预案,是指针对可能的海洋突发事件(包括灾害)而预先制定的有关工作计划或者行动方案,其目的是解决海洋突发事件的"事前、事发、事中、事后"应该由哪些主体来负责、负责哪些具体工作以及采用怎样的工作方式与工作方法的问题,也即"谁来做、怎样做、做什么、何时做、用什么资源做"的问题。在性质上,海洋突发事件应急预案具有法律规范的属性,是国家应急体制、机制和法制中的重要组成部分。

海洋突发事件应急预案体系由国家总体应急预案、国家专项应急预案、部门应急预案、地方应急预案等构成。

6.4.1 海洋突发事件国家总体应急预案

《国家突发公共事件总体应急预案》(2005)明确了各类突发公共事件的分级分类和预案框架,规定了应对特别重大突发公共事件的组织体系和工作机制等内容,是指导预防和处置各类突发公共事件的"总纲性"文件。

总体预案确定应对突发公共事件的六大工作原则是:以人为本,减少危害;居安思危,预防为主;统一领导,分级负责;依法规范,加强管理;快速反应,协同应对;依靠科技,提高素质。总体预案把保障人民群众的健康和生命财产安全作为首要任务,最大限度地减少突发公共事件可能造成的人员伤亡和危害。这体现了"人民至上""切实履行政府的社会管理和公共服务职能"的应急理念与根本要求。

根据《国家突发公共事件总体应急预案》,突发公共事件主要分自然灾害、事故灾难、公共卫生事件、社会安全事件4类;按照其性质、严重程度、可控性和影响范围等因素成4级,特别重大的是Ⅰ级,重大的是Ⅱ级,较大的是Ⅲ级,一般的是Ⅳ级,依次用红色、橙色、黄色和蓝色表示。从灾害类型来看,自然灾害包括水旱灾害、气象灾害、地震灾害、地质灾害、海洋灾害、生物灾害和森林草原火灾等;事故灾难包括工矿商贸等企业的各类安全事故、交通运输事故、公共设施和设备事故、环境污染和生态破坏事件等;公共卫生事件主要包括传染病疫情、群体性不明原因疾病、食品安全和职业危害、动物疫情以及其他严重影响公众健康和生命安全的事件;社会安全事件主要包括恐怖袭击事件、经济安全事件、涉外突发事件等。

就海洋突发事件而言,海洋灾害属于自然灾害类;海洋石油勘探开发溢油事故、海洋船舶碰撞而发生重大事故等情形可以认定为事故灾难类;船舶航行过程中发生传染病疫情等情况可视为公共卫生事件;如果有恐怖袭击海上船舶或者海上生产设备与设施,则可以纳入社会安全事件类。

6.4.2 国家专项应急预案

国家专项应急预案是国务院及其有关部门为应对某种或数种特殊类别的突发事件而制定的应急预案。针对地震、地质和森林等领域突发事件或者灾害,我国均发布了相应的国家专项应急预案,如《国家防汛抗旱应急预案》(国办函〔2022〕48号)、《国家森林草原火灾应急预案》(国办函〔2020〕99号)、《自然灾害救助应急预案》(国办函〔2016〕25号)、《国家大面积停电事件应急预案》(国办函〔2015〕134号)、《国家突发环境事件应急预案》(国办函〔2014〕119号)、《国家核应急预案》(2013)、《国家地震应急预案》(2012)、《国家气象灾害应急预案》(2010)、《国家海上搜救应急预案》(2006)、《国家安全生产事故灾难应急预案》(2006)、《国家突发公共卫生事件应急预案》(2006)等。

我国尚无海洋突发事件的专项应急预案,但前述专项应急预案均有涉及海洋突发事件内容。例如,《国家防汛抗旱应急预案》明确要求各级自然资源(海洋)、水利、气象部门应当组织对重大灾害性天气(例如,台风)的联合监测、会商和预报;对重大气象、水文灾害(例如,风暴潮、海啸、海浪、海冰)做出评估,按规定及时发布预警信息并报送本级人民政府和防汛抗旱指挥机构。

6.4.3 部门应急预案

部门应急预案是由国务院有关部门根据总体应急预案、专项应急预案和部门职能制定的工作计划或者行动方案。判断某一应急预案是属于国家专项应急预案,还是属于部门应急预案,其主要标准是制定主体以及该预案的制定依据。一般而言,国务院或者国务院办公厅发布的应急预案均属于国家专项应急预案,而由国务院有关部门制定的应急预案属于部门应急预案。

海洋突发事件的部门应急预案包括自然资源部办公厅《赤潮灾害应急预案》(自然资办函〔2021〕1258号)和《海洋灾害应急预案》(自然资办函〔2022〕1825号),交通运输部发布的《水路交通突发事件应急预案》(交应急发〔2017〕135号)、《国家重大海上溢油应急处置预案》(交溢油函〔2018〕121号)以及原国家海洋局发布的《海洋石油勘探开发溢油事故应急预案》(2015)等。

《赤潮灾害应急预案》[①]主要适用于赤潮灾害(包括大型藻类大规模灾害性暴发)监测、预警和灾害调查评估等工作。《海洋灾害应急预案》主要适用于风暴潮、海浪、海冰和海啸灾害的观测、预警和灾害调查评估等工作。

6.4.4 地方应急预案

地方应急预案包括省级人民政府的突发公共事件总体应急预案、专项应急预案和部门应急预案,以及各市(地)、县(市)人民政府及其基层政权组织的突发公共事件应急预案。

省级人民政府发布的突发公共事件总体应急预案,如《海南省人民政府突发公共事件总体应急预案》(2006)、《江苏省突发事件总体应急预案》(苏政发〔2020〕6号)、《甘肃省突发事件总体应急预案》(甘政发〔2021〕50号)等;省级专项应急预案,如《广东省突发环境事件应急预案》(粤府函〔2022〕54号)、《福建省森林火灾应急预案》(闽政办〔2022〕25号)等;省级部门应急预案,如福建省海洋与渔业厅《福建省渔业防台风应急预案》(闽海渔〔2017〕174号)、《福建省风暴潮灾害应急预案》(闽海渔〔2020〕39号)等。

各市(地)、县(市)人民政府及其基层政权组织的突发公共事件应急预案,如《厦门市突发公共卫生事件应急预案》(厦府办〔2022〕88号)、《福州市生产安全事故灾难应急预案》(榕政办〔2022〕89号)等。上述预案在省级人民政府的领导下,按照分类管理、分级负责的原则,由地方人民政府及其有关部门分别制定。

[①] 《赤潮灾害应急预案》由原国家海洋局于2009发布,并于2021年修订;《风暴潮、海浪、海啸和海冰灾害应急预案》由原国家海洋局于2015年发布,并于2022年被《海洋灾害应急预案》(自然资办函〔2022〕1825号)修改。这两份修订/修改后的预案,由自然资源部办公厅发布。前者主要适用于赤潮灾害监测、预警和灾害调查评估等工作。大型藻类大规模灾害性暴发的应急响应可参照本预案执行。

6.5　海洋突发事件应急救援指挥体系

根据突发公共事件的类型,海洋突发事件应急救援指挥体系可以包括自然灾害类应急救援指挥体系、事故灾难类应急救援指挥体系、公共卫生事件应急指挥体系与社会安全事件应急指挥体系。

6.5.1 自然灾害类应急救援指挥体系

1.海洋灾害应急救援指挥体系

国家减灾委员会为国家自然灾害救助应急综合协调机构,负责组织、领导全国的自然灾害救助工作,协调开展特别重大和重大自然灾害救助活动。国家减灾委成员单位按照各自职责做好自然灾害救助相关工作。国家减灾委办公室负责与相关部门、地方的沟通联络,组织开展灾情会商评估、灾害救助等工作,协调落实相关支持措施。

国家减灾委设立专家委员会对国家减灾救灾工作重大决策和重要规划提供政策咨询和建议,为国家重大自然灾害的灾情评估、应急救助和灾后救助提出咨询意见。

国家减灾委员会负责救援指挥的自然灾害包括台风、风雹、低温冷冻等气象灾害,火山、地震灾害,风暴潮、海啸等海洋灾害。

对于由自然资源部负责的海洋灾害应急救援工作,主要涉及海洋预警监测司、海区局、国家海洋环境预报中心、海洋减灾中心等部门。例如,海洋预警监测司负责开展海洋生态预警监测,灾害预防,风险评估和隐患排查治理,发布警报与公报;参与重大海洋灾害应急处置等工作。海区局[①]负责组织协调本海区应急期间的海洋灾害观测、预警,发布本海区海洋灾害警报,组织开展本海区海洋灾害调查评估,汇总形成本

---

① 海区局指自然资源部北海局、东海局和南海局。

海区海洋灾害应对工作总结。国家海洋环境预报中心(又称自然资源部海啸预警中心,简称预报中心)。负责组织开展海洋灾害应急预警报会商,发布全国海洋灾害警报,提供服务咨询,参与海洋灾害调查评估,汇总形成海洋灾害预警报工作总结。海洋减灾中心负责研究绘制国家尺度台风风暴潮风险图,组织开展海洋灾情统计,成立应急专家组,监督指导海洋灾害调查与评估工作,提供服务咨询,汇总形成海洋灾害调查评估报告。

2.海洋防汛应急救援指挥体系

国务院设立国家防汛抗旱总指挥部,负责领导、组织全国的防汛抗旱工作,其办事机构国家防总办公室设在应急管理部。国家防汛抗旱总指挥部由国务院领导任总指挥,应急管理部、水利部等单位主要负责人任副总指挥,公安部、财政部、自然资源部、交通运输部、水利部、农业农村部、国家卫生健康委、应急管理部等部门和单位为成员单位。

有防汛抗旱任务的县级以上地方人民政府设立防汛抗旱指挥部,在上级防汛抗旱指挥机构和本级人民政府的领导下,指挥本地区的防汛抗旱工作。有防汛抗旱任务的部门和单位可以根据需要设立防汛抗旱机构,在本级或属地人民政府防汛抗旱指挥机构统一领导下开展工作。针对重大突发事件,可以组建临时指挥机构,具体负责应急处理工作。

就台风风暴潮等灾害带来的影响而言,国家防汛抗旱总指挥部负责的应急指挥和自然灾害应急救援指挥体系(即国家减灾委员会等)存在一定的重叠,但前者应该更侧重于预防,而后者应该更侧重于救援。

6.5.2 事故灾难类应急救援指挥体系

1.国家海上搜救应急指挥体系

国家海上搜救应急组织指挥体系由应急领导机构、运行管理机构、咨询机构、应急指挥机构、现场指挥、应急救助力量等组成。

国家建立国家海上搜救部际联席会议制度,研究、议定海上搜救重要事宜,指导全国海上搜救应急反应工作。在交通运输部设立中国海上搜救中心(与交通运输部应急办公室合署办公),作为国家海上搜救的指挥工作机构,负责国家海上搜救部际联席会议的日常工作,并承担海上搜救运行管理机构的工作。部际联席会议成员单位根据各自职责,结合海上搜救应急反应行动实际情况,发挥相应作用,承担海上搜救应急反应、抢险救灾、支持保障、善后处理等应急工作。

国家成立海上搜救专家组作为咨询机构。专家组由航运、海事、航空、消防、医疗卫生、环保、石油化工、海洋工程、海洋地质、气象、安全管理等行业专家、专业技术人员组成,负责提供海上搜救技术咨询。其他相关咨询机构也可以根据中国海上搜救中心要求,提供相关的海上搜救咨询服务。

现场指挥(员)由负责组织海上突发事件应急反应的应急指挥机构指定,按照应急指挥机构指令承担现场协调工作。

2.国家重大海上溢油应急处置指挥体系

国家重大海上溢油应急处置部际联席会议负责组织、指导全国重大海上溢油应急处置工作。启动应急响应后,国家重大海上溢油应急处置部际联席会议负责组织协调有关力量,开展国家重大海上溢油应急处置工作。

中国海上溢油应急中心(中国海上搜救中心)是国家重大海上溢油应急处置部际联席会议的日常办事机构,负责与成员单位和地方人民政府的沟通联络。①

国家重大海上溢油应急处置部际联席会议可以根据应急处置工作需要成立联合指挥部,负责部际层面的组织协调指挥工作。

联合指挥部可以下设综合协调组、应急行动组、医疗救护组、综合保障组、信息发布与宣传组、治安保障组等。必要时,联合指挥部可以派出现场工作组,协助现场指挥部开展工作。

启动应急响应后,事发地或受海上溢油影响的省级人民政府或者相关单位成立现场指挥部,驻地军队、武警部队参加,共同负责牵头组织海上溢油的现场处置工作。

国家重大海上溢油应急处置部际联席会议设立国家重大海上溢油应急处置专家组,由国家重大海上溢油应急处置部际联席会议成员单位推荐的专家担任。其工作职责包括参与预评估工作,为国家重大海上溢油应急处置部际联席会议提供法律、财

---

① 中国海上溢油应急中心与中国海上搜救中心合并办公,即一套人马,两块牌子。

务、外交、技术等相关领域的咨询和建议等。国务院行业行政主管部门和省级人民政府可根据需要，自行设立专家组。

3.国家安全生产事故灾难应急救援指挥体系

国家安全生产事故灾难应急领导机构为国务院安全生产委员会。国务院安全生产委员会办公室设在应急管理部，承担安全生产委员会的日常工作。国家安全生产应急救援指挥中心具体承担安全生产事故灾难应急管理工作，专业协调指挥机构为国务院有关部门管理的专业领域应急救援指挥机构。国务院安全生产委员会各成员单位按照职责履行本部门的安全生产事故灾难应急救援和保障方面的职责。

现场应急救援指挥以属地为主，事发地省（区、市）人民政府成立现场应急救援指挥部。现场应急救援指挥部负责指挥所有参与应急救援的队伍和人员。涉及多个领域、跨省级行政区或影响特别重大的事故灾难，根据需要由国务院安全生产委员会或者国务院有关部门组织成立现场应急救援指挥部，负责应急救援协调指挥工作。

对于属于自然灾害、公共卫生和社会安全方面的突发事件可能引发安全生产事故灾难的，有关单位或者部门也应及时通报同级安全生产事故灾难应急救援指挥机构。

4.（海洋）环境突发事件的应急救援指挥体系

生态环境部负责重特大突发环境事件应对的指导协调和环境应急的日常监督管理工作。根据突发环境事件的发展态势及影响，生态环境部或省级人民政府可报请国务院批准，或根据国务院领导同志指示，成立国务院工作组，负责指导、协调、督促有关地区和部门开展突发环境事件应对工作。必要时，成立国家环境应急指挥部，由国务院领导担任总指挥。国家环境应急指挥部主要由生态环境部、公安部、民政部、财政部、交通运输部、水利部等部门和单位组成。

县级以上地方人民政府负责本行政区域内的突发环境事件应对工作。跨行政区域的突发环境事件应对工作，由各有关行政区域人民政府共同负责，或由有关行政区域共同的上一级地方人民政府负责。对需要国家层面协调处置的跨省级行政区域突发环境事件，由有关省级人民政府向国务院提出请求，或由有关省级环境保护主管部门向生态环境部提出请求。

负责突发环境事件①应急处置的人民政府可以根据需要成立现场指挥部,负责现场组织指挥工作。

5.国家核应急指挥体系

国家核事故应急协调委员会负责组织协调全国核事故应急准备和应急处置工作。日常工作由国家核事故应急办公室承担。必要时,成立国家核事故应急指挥部,统一领导、组织、协调全国的核事故应对工作。指挥部总指挥由国务院领导担任。

国家核安全局作为国务院核与辐射安全监督管理部门,负责核与辐射安全的监督管理,牵头负责核安全工作协调机制有关工作,参与核事故应急处理,负责辐射环境事故应急处理工作。②

国家核事故应急协调委员会设立专家委员会,由核安全、辐射监测、辐射防护、环境保护、海洋学、应急管理等方面专家组成,为国家核应急工作重大决策和重要规划以及核事故应对工作提供咨询和建议。

国家核事故应急协调委员会设立联络员组,由成员单位司、处级和核设施营运单位所属集团公司(院)负责同志组成,承担国家核应急协调委交办的事项。

省级人民政府根据有关规定和工作需要成立省(自治区、直辖市)核应急委员会,负责本行政区域核事故应急准备与应急处置工作,统一指挥本行政区域核事故场外应急响应行动。未成立核应急委的省级人民政府指定部门负责本行政区域核事故应急准备与应急处置工作。

核设施营运单位核应急指挥部负责组织场内核应急准备与应急处置工作,统一指挥本单位的核应急响应行动,配合和协助做好场外核应急准备与响应工作。

6.5.3 公共卫生事件应急救援指挥体系

国家卫生健康委员会在国务院统一领导下,负责组织、协调全国突发公共卫生事

---

① 这里的突发环境事件主要针对大气污染、水体污染、土壤污染等突发性环境污染事件和辐射污染事件,但对于核设施及有关核活动发生的核事故所造成的辐射污染事件、海上溢油事件、船舶污染事件的应急救援指挥工作按照其他规定执行。

② 生态环境部对外保留国家核安全局牌子。核设施安全监管司、核电安全监管司、辐射源安全监管司既是生态环境部的内设机构,也是国家核安全局的内设机构。

件应急处理工作,并根据突发公共卫生事件应急处理工作的实际需要,提出成立全国突发公共卫生事件应急指挥部。

全国突发公共卫生事件应急指挥部负责对特别重大突发公共卫生事件的统一领导、统一指挥,作出处理突发公共卫生事件的重大决策。指挥部成员单位根据突发公共卫生事件的性质和应急处理的需要确定。

地方各级人民政府卫生行政部门依照职责和本预案的规定,在本级人民政府统一领导下,负责组织、协调本行政区域内突发公共卫生事件应急处理工作,并根据突发公共卫生事件应急处理工作的实际需要,向本级人民政府提出成立地方突发公共卫生事件应急指挥部的建议。各级人民政府根据本级人民政府卫生行政部门的建议和实际工作需要,决定是否成立地方应急指挥部。

国务院卫生行政部门和省级卫生行政部门负责组建突发公共卫生事件专家咨询委员会,并就突发公共卫生事件的决策等事务提供咨询服务。

6.5.4 社会安全事件应急指挥体系

对于社会安全事件,我国尚未建构完备的应急指挥体系。国家安全委员会可视为国家层面的应急管理指挥中枢。部分省市针对具体情况成立了应急指挥机构,如北京市成立平安北京建设领导小组,西宁市成立社会安全突发公共事件应急指挥部等[①]。就海洋突发事件而言,较少直接涉及社会安全事件。比较特殊的情形,如恐怖袭击海上船舶或者海上生产设备与设施,则可以纳入社会安全事件类。

6.6　海洋突发事件预测与预警体系

针对各种可能发生的海洋突发事件,各级政府以及有关单位必须建立健全预测

---

① 详见《西宁市人民政府批转市公安局关于西宁市处置社会安全突发公共事件应急预案的通知》(宁政〔2006〕81 号)。

预警机制,开展风险分析,做到早发现、早报告、早处置。

预警级别依据突发事件可能造成的危害程度、紧急程度和发展势态,一般划分为四级:Ⅰ级(特别严重)、Ⅱ级(严重)、Ⅲ级(较重)和Ⅳ级(一般),依次用红色、橙色、黄色和蓝色表示。例如,针对海洋灾害,如果预报中心发布2个及以上地级市风暴潮红色警报,且发布北海区(或者东海、南海区)近岸海域海浪橙色或红色警报[①],则即可启动Ⅰ级海洋灾害应急响应。再如,当核设施出现或可能出现向环境释放大量放射性物质,事故后果超越场区边界,可能严重危及公众健康和环境安全时,启动Ⅰ级响应(即进入场外应急状态)。

预警信息包括突发公共事件的类别、预警级别、起始时间、可能影响范围、警示事项、应采取的措施和发布机关等。

预警信息的发布、调整和解除一般通过广播、电视、报刊、信息网络、警报器、宣传车或组织人员逐户通知等方式进行,对老、幼、病、残、孕等特殊人群以及学校等特殊场所和警报盲区应当采取有针对性的公告方式。

6.7 海洋突发事件应急处置与保障体系

6.7.1 信息报告与发布

信息报告是有关责任单位和个人的法定义务。在发生海洋突发事件后,相关责任单位和个人有义务采取适当的形式及时向有关主管单位报告。如果是重大突发事件,则报告时间最迟不得超过4小时。相关责任单位在应急处置过程中,仍要及时持续汇报突发事件发展变化的有关情况。如需要同级有关单位协助或者配合的,也要将相关情况向相关单位进行通报,并请求协助。例如,对于可能发生的国家重大海上溢油事件,省级行业行政主管部门应当立即向中国海上溢油应急中心和省级人民政

---

① 北海区近岸海域是指辽宁、河北、天津、山东的近岸海域,东海区近岸海域是指江苏、上海、浙江、福建的近岸海域,南海区近岸海域是指广东、广西、海南的近岸海域。

府报告,中国海上溢油应急中心和省级人民政府按照有关规定及时向国务院报告;中国海上溢油应急中心可以要求有关省级人民政府或者行业行政主管部门做出补充报告。各地区、各部门要建立健全定期会商和信息共享机制,对可能导致各类海洋突发事件的风险信息加强收集、分析和研判。

为了保障公众知情权,突发公共事件的信息发布应当坚持及时、准确、客观、全面的原则。事件发生的第一时间要向社会发布简要信息,随后发布初步核实情况、政府应对措施和公众防范措施等,并根据事件处置情况做好后续发布工作。信息发布形式主要包括授权发布、散发新闻稿、组织报道、接受记者采访、举行新闻发布会等。

6.7.2 先期处置与应急响应

突发公共事件发生后,相关责任单位或部门要根据职责和规定的权限启动相关应急预案①,及时、有效地进行处置,控制事态。在境外发生涉及我国公民和机构的突发事件,我驻外使领馆、国务院有关部门和有关地方人民政府要采取措施控制事态发展,组织开展应急救援工作。

当海洋突发事件经评估符合相应应急响应的条件后,有关责任单位或者主管单位应当启动相应的应急响应措施。例如,发生重大海上溢油事件时,应急现场指挥部可以请求各成员单位及其他有关力量参加监视监测、污染清除等海上溢油应急处置工作;可以请求协调车辆、船舶、飞机等交通运输工具,以及场地、码头、油污储运等设施,用于应急人员和物资的运输、回收的油类和油污废弃物的储存运输和处置;请求协调通信设备设施和通信渠道;请求协调安排生活物资和医疗卫生队伍支援,并提供气象信息及物资通关、治安、人员出入境等各项保障。需要国际援助时,则可以按照我国已经加入或者缔结的溢油应急国际公约或地区性协议,请求协调相关国家和地区的力量、资源参与应急。

在应急救援(处置)过程中,各相关部门必须各司其职,密切配合,协同运作,必须对现场的危险源进行检测,保护受困人员和救援人员的安全,防止次生与衍生灾害发生。救援人员要坚持先救人、后救财物的原则。如果事态进一步恶化,则必须及时跨

---

① 有关应急预案对应急响应的条件均有明确的规定。

层级、跨部门、跨地区协作,加大应急救援队伍,强化物资、装备、资金等方面的投入与保障。

6.7.3 应急响应终止与后期处置

海洋突发事件应急处置工作结束,或者相关危险因素消除后,应急响应终止;相关工作进入调查、评估、重建等后期处置工作。

对突发公共事件中的伤亡人员、应急处置工作人员,以及紧急调集、征用有关单位及个人的物资,要按照规定给予抚恤、补助或补偿,并提供心理及法律援助。有关单位要及时做好疫病防治和环境污染消除等工作。保险监管机构要督促保险机构及时做好有关单位和个人损失的理赔工作。

有关责任单位要对突发事件的有关情况与问题开展调查评估。例如,对于海上溢油事件,应当就该突发事件造成的人员及财产损失、环境污染损害、应急资源投入和使用状况、应急组织与命令执行情况、综合保障情况、应急效果等开展评估。对于海洋灾害,有关单位也应开展海洋灾害调查评估。

根据有关单位与地区受灾情况,有关主管单位应当在调查评估的基础上,制定恢复重建方案,及时组织开展恢复重建工作,尽快恢复当地生产生活和社会秩序。必要时,相关主管单位可以请求国务院以及国家突发事件领导议事机构给予支援与协助。

6.7.4 海洋突发事件应急保障体系

海洋突发事件应急保障体系包括人力保障、财力保障、物资保障、医疗保障、交通保障、防护保障等方面,由有关部门根据职责分工和相关预案要求负责提供保障工作。

1.人力保障

人力保障主要是指救援力量的保障。我国海洋突发事件应急救援力量包括隶属于政府的专业应急救援队伍、社会应急救援队伍、基层应急救援队伍及国际救援力量。

隶属于政府的专业应急救援力量包括公安(消防)、医疗卫生、地震救援、海上搜救、防洪抢险、核与辐射、环境监控、危险化学品事故救援、民航事故、基础信息网络和重要信息系统事故处置,以及水、电、油、气等工程抢险救援队伍。这些应急救援力量是我国海洋突发事件应急救援的主力。中国人民解放军和中国人民武装警察部队是处置突发公共事件的骨干和突击力量,按照有关规定参加应急处置工作。

社会应急力量是指从事防灾减灾救灾等应急救援工作的社会组织和应急救援志愿者,以及相关群团组织和企事业单位指导管理的、从事防灾减灾救灾等应急救援活动的组织。例如,海南蓝天救援队海上搜救队、浙江台州海韵志愿救援队、中红海上救援队等都属于专业从事海上救援的民间公益组织。

基层应急救援力量是指乡镇街道、村居社区等组建的,从事本区域灾害事故防范和应急处置的应急救援队伍。

国际救援力量包括从事国际救援工作的民间组织或者企业,以及各国政府主管并提供国际救援服务或参与国际应急救援工作的队伍。前者如国际 SOS 救援中心、世界紧急救援组织(WERO)、国际海上人命救助联盟(IMRF)等。后者包括前述隶属于政府的各类专业应急救援力量。这些应急救援力量经审批后,可以参与国际应急救援任务或工作。

2.财力保障

应急财力保障主要由政府专项应急资金、保险、民间公益性捐赠三部分构成。

政府专项应急资金,是指由中央和地方各级政府财政安排,专项用于支持应急管理设施建设、应急管理科学研究、应急管理宣传教育和培训、应急管理监管机构能力装备建设、应急体系建设、信息化体系建设等事项的财政资金[①]。专项应急资金应当保证专款专用,禁止任何单位与个人贪污、挪用。

保险作为市场化机制,在风险防范、损失补偿、恢复重建等方面有着积极作用。我国正全面推进安全生产责任保险、巨灾保险等制度建设,逐步形成多层次风险分散机制。例如,安全生产责任保险方面,已经覆盖到危险化学品、交通运输、渔业生产、建筑施工、金属冶炼等高危行业领域。2021 年修订的《安全生产法》更是将高危行业领域实施安全生产责任保险制度列为强制内容。作为试点,地震巨灾保险制度和产

---

① 参见《安徽省应急管理厅应急管理专项资金管理暂行办法》(2022-06-23)、《江西省应急管理专项资金管理暂行办法》(赣财建〔2020〕9号)等规定。

品在四川、云南等省份逐步落地实施。福建等省份积极探索实施差异化的综合性巨灾保险试点。

民间公益性捐赠对应急救援的财力与物资保障发挥补充性作用。鼓励自然人、法人或者其他组织(包括国际组织)按照《公益事业捐赠法》等有关法律、法规的规定就应急救援事务进行捐赠和援助。

3.物资保障

物资保障是应急救援的重要内容。基于海洋突发事件的特殊性,海洋应急救援的物质资保障难度要远大于陆地的应急救援物资保障。各级人民政府应根据有关法律、法规和应急预案的规定,做好物资储备工作,应当建立健全应急物资监测网络、预警体系和应急物资生产、储备、调拨及紧急配送体系,完善应急工作程序,确保应急所需物资和生活用品的及时供应,并加强对物资储备的监督管理,及时予以补充和更新。

4. 医疗、交通、防护等保障

各级医疗卫生部门应当组建医疗卫生应急专业技术队伍,根据需要及时赴海洋突发事件发生现场开展医疗救治、疾病预防控制等医疗卫生应急救援工作,及时为受灾地区或者单位提供药品、器械等卫生和医疗设备。必要时,可以组织动员红十字会等社会卫生力量参与海洋突发事件的医疗卫生救助工作。

在交通运输方面,要保证紧急情况下应急救援船舶、航空器等交通工具的优先安排、优先调度、优先放行,确保运输安全畅通;要依法建立紧急情况社会交通运输工具的征用程序,确保海洋抢险救灾物资和海上救援人员能够及时、安全送达,并开展相应的救援工作。根据应急处置需要,各级政府可以在特定的海洋突发事故发生现场或者通道实行必要的陆上或者海上交通管制措施,开设海洋应急救援"绿色通道",保证海洋应急救援工作的顺利开展。

针对海洋突发事件,各级政府要加强对重点地区、重点场所、重点人群、重要物资和设备的安全保护。必要时,依法采取有效管制措施,控制事态,维护社会秩序。

参考文献

[1]林鸿潮、陶鹏.应急管理与应急法治十讲[M].北京:中国法制出版社,2021.

第七章

我国特色海洋应急管理法律制度

7.1 法律渊源与法律体系

7.1.1 法律渊源

法律渊源,又称为法律的形式渊源或者效力渊源,主要是指作为具有法律效力和意义的法的外部表现形式。在世界范围内,法律渊源主要有成文法与不成文法两种形式。成文法,也称为制定法,是指一定的国家机关按照法定权力范围,依照法定程序制定出来的以权力/权利和义务为主要内容,具有约束力,要求人们普遍遵守的行为规则体系。在广义上,成文法还可以包括国际协定与国际条约。不成文法,与成文法相对应,一般是指未经国家制定,但经国家认可并赋予法律效力的行为规则体系,包括习惯法、判例法等。

当代中国法的渊源是以宪法为核心,以制定法为主的表现形式。这是由我国的国情、文化、传统及社会实践决定的。制定法公布于世,有利于发挥法的引导、教育、规范和奖惩的功能,更有助于推进法治文明进程。

在我国,法律渊源可以区分正式渊源与非正式渊源两种。正式渊源包括宪法、法律、行政法规、地方性法规、规章、国际条约与协定以及法律解释。宪法是国家的根本大法,具有最高的法律效力,是坚持全面依法治国、建设社会主义法治国家的最高法律依据,规定我国的国体、政体和国家结构形式等内容。法律是由全国人大或其常务委员会制定的规范性法律文件,是我国法律渊源的重要组成部分。行政法规专指我国最高行政机关即国务院依照宪法规定的权限和程序制定和修改的规范性法律文件,其法律效力/法律地位仅次于宪法和法律。地方性法规指省、自治区、直辖市的人民代表大会及其常务委员会按照《宪法》《立法法》规定的权限,根据本行政区域的具体情况与实际需要,在不与宪法、法律、行政法规相抵触的前提下,制定的各类规范性文件;设区的市以及自治州等人民代表大会及其常务委员会也可以在不违背上位法的情况下制定具有地方特色的地方性规范性文件。规章主要指国务院组成部门及直属机构,省、自治区、直辖市人民政府及省、自治区政府所在地的市和设区市的人民政府,在它们的职权范围内,为执行法律、法规,需要制定的事项或属于本行政区域的具体行政管理事项而制定的规范性文件。国际条约与协定是指我国缔结或者参加的双边或者多边国际条约与协定,或者其他具有条约、协定性质的国际性文件,如盟约、议定书、联合宣言等。在全球化背景下,国际条约与协定,正成为越来越重要的法律渊源。法律解释是指有权的国家机关对现行法律的含义、内容、体系等事项做出的解释与说明,包括立法解释、行政解释与司法解释。立法解释主要是指国家立法机关及其授权机关就法律的内容、适用等问题做出的有关解释与说明;行政解释则主要是指行政机关做出的有关解释与说明;司法解释主要是指国家最高司法机关做出的有关解释与说明。

7.1.2 法律体系

法律体系是由一个国家的全部现行法律构成,以法律部门为分类标准,呈现体系化结构的有机整体。作为一个"体系性"概念,法律体系的内部构成要素是法律部门。法律部门是按照一定的原则与标准,对法律规范的性质、调整领域和调整方法等进行分类组合,进而形成类别清晰、逻辑自洽的同类法律规范总和。划分某些法律是否属于同一法律部门,其主要依据是该法律规范所调整的社会关系(即调整对象)与调整方法的相同或者相似性。

中国特色社会主义法律体系可以划分为九个主要的法律部门:宪法及相关法、民商法、行政法、经济法、社会法、环境资源法、军事法、刑法、诉讼法与非诉程序法。

宪法及相关法是我国法律体系的主导法律部门,是我国社会制度、国家制度、经济制度、政治制度、公民权利义务等方面法律规范的总和。如《中华人民共和国宪法》《全国人民代表大会组织法》《监察法》《香港特别行政区基本法》《立法法》等均属于此类法律部门。

民商法是规范民事和商事活动的基础性法律,主要调整平等主体之间的人身关系与财产关系,突出任意性规范为其主要调整手段。《民法典》《商标法》《专利法》《公司法》《证券法》《信托法》等均属于此类法律部门。

行政法是调整有关国家行政管理活动的法律规范的总和,包括有关行政管理主体、行政行为、行政程序、行政监察与监督以及国家公务员制度等方面的法律规范,如《行政处罚法》《行政许可法》《公务员法》《反间谍法》《反恐怖主义法》《教师法》《职业教育法》等。

经济法是调整国家从社会主体利益出发对经济活动实施干预、管理或者调控所产生的社会经济关系的法律规范的总和,主要包括两个层面的内容:一是创造平等竞争环境、维护市场秩序方面的法律规范,如《反垄断法》《反不正当竞争法》《广告法》等;二是国家宏观调控和经济管理方面的法律规范,如《预算法》《审计法》《税收征收管理法》等。

社会法是调整有关劳动关系、社会保障和社会福利关系,旨在于加强民生和社会建设的法律规范的总和,包括劳动用工、工资福利、职业安全卫生、社会保险、社会救济、特殊保障等方面,如《劳动合同法》《安全生产法》《残疾人保障法》《未成年人保护法》《妇女权益保障法》《慈善法》《社会保险法》等。

环境资源法是关于保护、治理和合理开发自然资源,保护环境,防治污染和其他公害,维护生态平衡的法律规范总和,旨在于推进生态文明建设,促进社会与经济的可持续发展。如《环境保护法》《海洋环境保护法》《野生动物保护法》等属于此类法律部门。

军事法是有关国防和军队建设的法律规范总和,如《国防法》《兵役法》《现役军官法》等。

刑法是规定刑事犯罪、刑事责任和刑罚的法律规范总和,是制裁手段最为严厉的法律规范,包括《刑法》《反电信网络诈骗法》等。

诉讼与非诉讼程序法是因调整诉讼活动和非诉讼活动而产生的社会关系的法律规范总和,包括民事诉讼、行政诉讼、刑事诉讼、仲裁、公证等内容,如《民事诉讼法》《海事诉讼特别程序法》《劳动争议调解仲裁法》《人民调解法》等。

7.2　海洋突发事件应急管理法律制度及性质

　　海洋突发事件应急管理法律制度,是我国法律体系的重要组成,是调整与规范海洋突发公共事件中政府部门之间、政府与其他社会组织、商事主体以及公民之间权力、权利义务关系的法律规范的总和。海洋突发事件应急管理法律制度旨在以法律手段调整与规范海洋突发事件的应急处置工作,包括事前预防,事中应急处置与救援,事后的评估、重建以及责任追究等方面。

　　海洋突发事件应急管理法律制度的调整领域具有特定性,即仅针对海洋突发事件中涉及的各种社会关系。尽管调整领域特定,限于海洋突发事件,但因突发事件复杂性以及其对社会公共利益可能造成的多方面的影响,海洋突发事件应急管理法律制度调整的对象并不仅仅限于与海洋有关的各种社会关系。例如,针对海洋突发事件的应急处置,鼓励商事主体、公民以及国际友人参与捐资捐物。这其中捐资捐物涉及的社会关系或者法律关系并不与海洋直接关联。

　　在调整方法上,海洋突发事件应急管理法律制度侧重于强制性或者权威性方法。这既表现在相关主体的法律地位上的差异,也表现在形成相关法律关系的根据以及法律制裁的特质上。在海洋突发事件应急管理法律制度中,政府及有关社会组织与商事主体及公民之间的法律地位具有不对称性;政府及有关社会组织在处置海洋突发事件过程中具有较大的行政强制权力,而商事主体、公民的诸多民事权利将因此可能受到较大的限制或者约束。这主要是基于保护公共利益需要而在法定情形下对行政公权力在合理与必要的限度内进行扩展的结果,也是基于海洋突发事件应急处置的现实客观需要。

　　在性质上,海洋突发事件应急管理法律制度可以纳入行政法部门。当然,因海洋突发事件处置的复杂性,海洋突发事件应急管理法律制度也有诸多涉宪法、民商法、社会法、环境资源法等部门法的内容。

7.3 我国海洋突发事件应急管理法律制度的基本框架

我国海洋突发事件应急处置法律制度,是以《宪法》为依据,以《突发事件应对法》为核心,以《海洋环境保护法》《海上交通安全法》《传染病防治法》《安全生产法》《海洋石油勘探开发环境保护管理条例》《防治船舶污染海洋环境管理条例》《突发公共卫生事件应急条例》等相关法律法规、规章及其他规范性文件为配套的法律体系。

在效力层级上,海洋突发事件应急管理法律制度包括宪法、法律、行政法规、地方性法规、部门规章、政府行政规章及其他规范性文件。因受法律的规范性质以及我国立法体制的影响,全国人大颁布相关法律,则各有关单位或部门往往会颁布对应的行政法规与地方性法规或者行政规章。例如,我国颁布《突发事件应对法》,云南、重庆、山东等省市依据该法而颁布《云南省突发事件应对条例》(2014)、《重庆市突发事件应对条例》(2012)、《山东省突发事件应对条例》(2012)等地方性法规;国务院颁布《突发公共卫生事件应急条例》,则北京、天津等省市也颁布《北京市突发公共卫生事件应急条例》(2020)、《天津市突发公共卫生事件应急管理办法》等地方性法规。

按照海洋突发事件的类别,可以将相关法律法规区分为海洋自然灾害类法律法规、海上交通与安全生产事故类法律法规、海上公共卫生事件类法律法规、海上社会安全事件类法律法规。

7.3.1 根本性与基础性、综合性法律

1.《宪法》

作为国家的根本大法,《宪法》对(海洋)突发事件应急管理作出原则性规定。例如,《宪法》对我国国体与政体的规定,决定了我国政府是(海洋)应急处置/管理的领

导主体与组织主体。①《宪法》关于国家承担保障自然资源合理利用、保护和改善生活环境和生态环境以及防治污染等职责的规定,决定了国家必须在维护公共安全、保护人民群众生命财产、保障社会秩序正常运转过程中承担起首要责任②。《宪法》关于武装力量的任务、紧急状态决定权等规定,明确赋予了国家在突发事件应急管理中可以动员的体制机制力量以及采取的各种具体措施。

2.《突发事件应对法》

《突发事件应对法》于 2007 年 11 月实施,是我国规范突发事件应急与应对的专门性法律规范。该法律的颁布与实施是我国突发事件应急处置与应对工作全面纳入法制化轨道的重要标志。这对预防和减少突发事件的发生,有效控制、减轻和消除突发事件引起的严重社会危害,维护国家安全、公共安全、环境安全和社会秩序等都具有重要意义。

《突发事件应对法》对我国应急管理体制、应急工作原则、突发事件的预防与应急准备、监测与预警、应急处置与救援、事后恢复与重建、法律责任等方面进行了明确的规定。

在应急管理体制上,国家实行统一领导、综合协调、分类管理、分级负责、属地管理。突发事件应对工作实行预防为主、预防与应急相结合的原则。国家建立重大突发事件风险评估体系,对可能发生的突发事件进行综合性评估,减少重大突发事件的发生,最大限度地降低重大突发事件的影响。

突发事件预防与应急准备工作主要包括建立健全突发事件应急预案体系、建设城乡应急基础设施和应急避难场所、排查和治理突发事件风险隐患、组建培训专兼职应急队伍、开展应急知识宣传普及活动和应急演练、建立应急物资储备保障制度等方面内容。

在突发事件监测与预警方面,国家建立包括信息收集、信息分析、信息会商、信息评估在内的全国统一的突发事件信息系统,建立健全包括预警级别、预警发布、预警措施等在内的突发事件预警制度。

---

① 如《宪法》第一条规定"社会主义制度是中华人民共和国的根本制度",第二条规定"中华人民共和国的一切权力属于人民"等。

② 如《宪法》第二十一条规定:"国家发展医疗卫生事业……开展群众性的卫生活动,保护人民健康。"第二十六条规定:"国家保护和改善生活环境和生态环境,防治污染和其他公害。"

突发事件的应急处置与救援措施包括有针对性地采取人员救助、事态控制、公共设施和公众基本生活保障、强制隔离当事人、封锁有关场所和道路、控制有关区域和设施、加强对核心机关和单位的警卫等方面的措施。

突发事件事后恢复与重建的主要内容包括采取或继续实施防止发生次生、衍生事件的必要措施；评估损失，制定恢复重建计划，修复公共设施，尽快恢复生产、生活、工作和社会秩序等。

法律责任方面明确了单位责任与个人责任。例如，地方各级人民政府和县级以上各级人民政府有关部门违反规定，不履行法定职责的，由其上级行政机关或者监察机关责令改正；对符合特定情形的直接负责的主管人员和其他直接责任人员依法给予处分。单位或者个人违反规定，依法追究民事、行政与刑事责任。

近年来，我国突发事件应对管理工作遇到了一些新情况新问题，特别是新冠疫情对应急管理工作带来了许多新的挑战。在这样的背景下，我国正着手进行《突发事件应对法》的修订工作。

7.3.2 海洋灾害类应急管理法律法规

就海洋灾害类而言，相关应急管理法律法规主要有《海洋环境保护法》《防震减灾法》《气象法》《防洪法》《自然灾害救助条例》《破坏性地震应急条例》《气象灾害防御条例》《防汛条例》《海洋观测预报管理条例》等。

《海洋环境保护法》①明确规定该法适用于中华人民共和国内水、领海、毗连区、专属经济区、大陆架以及中华人民共和国管辖的其他海域；如果在中华人民共和国管辖海域以外，但造成中华人民共和国管辖海域污染的，也适用该法。《海洋环境保护法》第十七条对"因发生事故或者其他突发性事件，造成或者可能造成海洋环境污染事故"的处置措施等问题作出规定；第十八条对有关责任单位制定应急计划作出明确规定。第九章（即第七十三至第九十三条）以专章形式规定有关的法律责任。

---

① 《海洋环境保护法》于1982年8月23日第五届全国人民代表大会常务委员会第二十四次会议通过，此后经过四次修订/修正，时间分别是1999年12月、2013年12月、2016年11月、2017年11月。现行《海洋环境保护法》是2017年11月修正的文本。

《防震减灾法》^①第二条明确规定该法适用于"在中华人民共和国领域和中华人民共和国管辖的其他海域从事地震监测预报、地震灾害预防、地震应急救援、地震灾后过渡性安置和恢复重建等防震减灾活动"。该法共有八章,有多章规定直接涉及应急管理有关工作,如第三章规定"地震监测预报",第四章规定"地震灾害预防",第五章规定"地震应急救援",第六章规定"地震灾后过渡性安置和恢复重建"。作为《防灾减灾法》的配套性规定,《破坏性地震应急条例》^②对地震灾害应急管理机构、应急预案、临震应急、震后应急、奖励与处罚等作出了明确规定;《地震检测管理条例》《地震预报管理条例》^③等法规也对地震检测、地震预报、地震信息发布等问题作出了明确规定。

《气象法》^④第二条明确规定"在中华人民共和国领域和中华人民共和国管辖的其他海域从事气象探测、预报、服务和气象灾害防御等活动"应当遵守该法。《气象法》第四章、第五章以专章形式规定"气象预报与灾害性天气警报""气象灾害防御"。《气象灾害防御条例》《气象设施和气象探测环境保护条例》《人工影响天气管理条例》^⑤等法规是《气象法》的配套性规定。以上这些规定是开展海上气象灾害应急管理工作的重要法律依据。

《防洪法》^⑥主要适用于江河、湖泊的洪涝灾害预防与治理,但对于受风暴潮威胁的沿海地区,《防洪法》明确要求各地应当把防御风暴潮纳入本地区的防洪规划,加强海堤(海塘)、挡潮闸和沿海防护林等防御风暴潮工程体系建设。这也就是说,对于风暴潮等可能引致洪涝灾害的有关应急管理工作,也可适用《防洪法》。《防汛条例》^⑦对防汛组织、防汛准备、防汛抢险等作出了明确规定。

---

① 《防震减灾法》于 1997 年 12 月 29 日第八届全国人民代表大会常务委员会第二十九次会议通过,并于 2008 年 12 月 27 日第十一届全国人民代表大会常务委员会第六次会议进行修订。

② 《破坏性地震应急条例》于 1995 年颁布,并于 2011 年修订。

③ 《地震检测管理条例》于 2004 年颁布实施,《地震预报管理条例》于 1998 年颁布实施。

④ 《气象法》于 1999 年 10 月 31 日第九届全国人民代表大会常务委员会第十二次会议审议通过,并于 2009 年 8 月、2014 年 8 月、2016 年 11 月三次进行修订。

⑤ 《气象灾害防御条例》于 2010 年 1 月颁布实施,并于 2017 年 10 月进行修订;《气象设施和气象探测环境保护条例》于 2012 年 8 月颁布实施,并于 2016 年 2 月进行修订;《人工影响天气管理条例》于 2002 年 3 月颁布实施,并于 2020 年 3 月进行修订。

⑥ 《防洪法》于 1997 年 8 月由第八届全国人民代表大会常务委员会第二十七次会议审议通过,后分别于 2009 年 8 月、2015 年 4 月、2016 年 7 月三次进行修正。

⑦ 《防汛条例》于 1991 年 7 月颁布实施,并分别于 2005 年 7 月与 2011 年 1 月两次进行修订。

　　《自然灾害救助条例》是我国为规范自然灾害救助工作,保障受灾人员基本生活而制定的行政法规。该条例明确我国自然灾害救助工作遵循以人为本、政府主导、分级管理、社会互助、灾民自救的原则。条例还对"救助准备""应急救助""灾后救助""救助款物管理"等作出明确规定。《海洋观测预报管理条例》①主要目标是为了规范海洋观测预报活动,防御和减轻海洋灾害,为经济建设、国防建设和社会发展服务。该条例适用于在我国领域和我国管辖的其他海域从事海洋观测预报活动。

7.3.3 海上交通与安全生产事故类法律法规

　　就海上交通与安全生产事故而言,相关应急管理法律法规主要有《海上交通安全法》《安全生产法》《海洋环境保护法》《放射性污染防治法》《生产安全事故应急条例》《海洋石油勘探开发环境保护管理条例》《防治船舶污染海洋环境管理条例》《核电厂核事故应急救援管理条例》等。

　　《海上交通安全法》②是我国海运领域的基础性法律,确立了我国海上交通安全管理的基本制度。《海上交通安全法》适用范围包括在我国管辖海域内从事航行、停泊、作业以及其他与海上交通安全相关的活动。《海上交通安全法》明确国家建立海上搜救协调机制,统筹全国海上搜救应急反应工作,组织协调重大海上搜救应急行动。《海上交通安全法》还对船舶载运危险货物、海上施工作业许可的应急预案、船员境外突发事件预警和应急处置机制及责任制度等内容作出了明确规定。《海上交通事故调查处理条例》《船舶和海上设施检验条例》③等行政法规对海上交通事故调查、海上设施检验等问题作出了进一步的规定。

　　《安全生产法》④是我国安全生产领域的综合性、基础性法律,用于规范我国领域

---

　　① 《海洋观测预报管理条例》于 2012 年 2 月由国务院第 192 次常务会议审议通过,自 2012 年6 月 1 日起施行。

　　② 《海上交通安全法》于 1983 年 9 月 2 日第六届全国人民代表大会常务委员会第二次会议通过,此后分别于 2016 年 11 月、2021 年 4 月进行修订。

　　③ 《海上交通事故调查处理条例》于 1990 年 1 月 11 日经国务院批准,于 1990 年 3 月起实施。《船舶和海上设施检验条例》于 1993 年 2 月 14 日国务院令第 109 号发布,根据 2019 年 3 月 2 日《国务院关于修改部分行政法规的决定》修订。

　　④ 《安全生产法》于 2002 年 6 月由第九届全国人民代表大会常务委员会第二十八次会议通过,后分别于 2009 年 8 月、2014 年 8 月、2021 年 6 月三次进行修正。

内(包括我国管辖海域)的各种生产经营活动。《安全生产法》第二章明确规定生产经营单位的安全生产保障义务,第三章明确规定"从业人员的安全生产权利义务",第四章规定政府及有关职能部门的安全生产的监督管理职责,第五章规定"生产安全事故的应急救援与调查处理",第六章规定相关的法律责任。《生产安全事故应急条例》《生产安全事故报告和调查处理条例》《电力安全事故应急处置和调查处理条例》①等是《安全生产法》的关联性行政法规,对生产安全事故的应急工作(包括救援准备、应急救援、应急处置、事故调查等)作出了明确规范。

《海洋环境保护法》作为海洋环境领域的综合性法律,不仅可用于规范自然灾害而引致海洋污染问题,也可适用于因海上生产经营活动而导致的海洋污染规范问题。从《海洋环境保护法》的相关章节来看,因海上交通与生产经营活动导致的海洋污染是《海洋环境保护法》规范的重心。如《海洋环境保护法》第四章至第八章分别针对"防治陆源污染物对海洋环境的污染损害""防治海岸工程建设项目对海洋环境的污染损害""防治海洋工程建设项目对海洋环境的污染损害""防治倾倒废弃物对海洋环境的污染损害""防治船舶及有关作业活动对海洋环境的污染损害"进行规范。

《海洋石油勘探开发环境保护管理条例》②《防治船舶污染海洋环境管理条例》③《防治海洋工程建设项目污染损害海洋环境管理条例》④《防止拆船污染环境管理条例》⑤《防治陆源污染物污染损害海洋环境管理条例》⑥《对外合作开采海洋石油资源

---

① 《生产安全事故应急条例》于2018年12月5日国务院第33次常务会议通过,自2019年4月1日起施行;《生产安全事故报告和调查处理条例》于2007年3月28日国务院第172次常务会议通过,自2007年6月1日起实施;《电力安全事故应急处置和调查处理条例》于2011年6月15日国务院第159次常务会议通过,自2011年9月1日起施行。

② 《海洋石油勘探开发环境保护管理条例》于1983年12月颁布实施。

③ 《防治船舶污染海洋环境管理条例》于2009年9月9日中华人民共和国国务院令第561号公布,并于2013年7月、2013年12月、2014年7月、2016年2月、2017年3月、2018年3月多次进行修正。

④ 《防治海洋工程建设项目污染损害海洋环境管理条例》于2006年9月19日国务院令第475号公布,根据2017年3月1日《国务院关于修改和废止部分行政法规的决定》第一次修订,根据2018年3月19日《国务院关于修改和废止部分行政法规的决定》第二次修订。

⑤ 《防止拆船污染环境管理条例》于1988年5月颁布实施,并分别于2016年2月、2017年3月两次进行修订。

⑥ 《防治陆源污染物污染损害海洋环境管理条例》于1990年5月25日国务院第61次常务会议通过,自1990年8月1日起施行。

条例》①《危险化学品安全管理条例》②《船舶污染海洋环境应急防备和应急处置管理规定》③《突发环境事件应急管理办法》④《港口危险货物安全管理规定》⑤《船舶载运危险货物安全监督管理规定》⑥等都是依据《海洋环境保护法》等法律而制定的行政法规、行政规章与规范性文件，是我国开展海洋环境污染应急处置工作的重要法律制度依据。例如，《海洋石油勘探开发环境保护管理条例》是我国专门规制海洋石油勘探开发环境保护的行政法规。该条例第六条规定了海洋环境污染突发事件应急处置的相关内容，即"企业、事业单位、作业者应具备防治油污染事故的应急能力，制定应急计划，配备与其所从事的海洋石油勘探开发规模相适应的油收回设施和围油、消油器材……"。《防治船舶污染海洋环境管理条例》是我国规制船舶污染海洋环境的主要依据。该条例第五、六条明确规定各有关单位应当组织编制防止船舶及其有关作业活动污染海洋环境应急能力建设规划，应当建立健全防止船舶及其有关作业活动污染海洋环境应急反应机制，制定防治船舶及其有关作业活动污染海洋环境应急预案。该条例以专章形式对"船舶污染事故应急处置"作出规范。《船舶污染海洋环境应急防备和应急处置管理规定》是我国关于船舶油污应急管理的部门行政规章。该规章的适用范围包括在我国管辖海域内，防止船舶及其有关作业活动污染海洋环境的应急防备和应急处置，以及船舶在我国管辖海域外发生污染事故，造成或者可能造成我国管辖海域污染的应急防备和应急处置工作。《突发环境事件应急管理办法》是我国专门规制突发环境事件应急管理工作的部门规章，其从风险控制、应急准备、应急处置和事后恢复等方面规定了我国各级环境保护主管部门和企业事业单位在突发环境事件应急管理工作中的相关职责。

---

① 《对外合作开采海洋石油资源条例》于 1982 年 1 月 30 日国务院发布，并分别于 2001 年 9 月、2011 年 1 月、2011 年 9 月、2013 年 7 月四次进行修订。

② 《危险化学品安全管理条例》于 2002 年 1 月 26 日国务院令第 344 号公布，并分别于 2011 年 2 月、2013 年 12 月两次进行修订。

③ 《船舶污染海洋环境应急防备和应急处置管理规定》于 2011 年 1 月 27 日交通运输部公布，此后分别于 2013 年 12 月、2014 年 9 月、2015 年 5 月、2016 年 12 月、2018 年 9 月、2019 年 11 月六次进行修正。

④ 《突发环境事件应急管理办法》由原环境保护部于 2015 年 3 月 19 日公布，自 2015 年 6 月 5 日起施行。

⑤ 《港口危险货物安全管理规定》于 2017 年 9 月 4 日交通运输部发布，根据 2019 年 11 月 28 日《交通运输部关于修改〈港口危险货物安全管理规定〉的决定》修正。

⑥ 《船舶载运危险货物安全监督管理规定》于 2018 年 7 月 20 日经交通运输部第 12 次部务会议通过，自 2018 年 9 月 15 日起施行。

《放射性污染防治法》①是为了防治放射性污染,保护环境,保障人体健康,促进核能、核技术的开发与和平利用而制定的法律。《放射性污染防治法》适用于我国领域和管辖的其他海域在核设施选址、建造、运行、退役和核技术、铀(钍)矿、伴生放射性矿开发利用过程中发生的放射性污染的防治活动。该法明确规定国家建立健全核事故应急制度,核设施主管部门、环境保护行政主管部门、卫生行政部门、公安部门等有关部门按照各自的职责依法做好核事故应急工作。《核电厂核事故应急救援管理条例》②是为了加强核电厂核事故应急管理工作,控制和减少核事故危害而制定的行政法规。条例明确规定全国的核事故应急管理工作由国务院指定的部门负责,其主要职责包括拟定国家核事故应急工作政策;统一协调国务院有关部门、军队和地方人民政府的核事故应急工作;审查批准核事故公报、国际通报,提出请求国际援助的方案等。条例还对应急准备、应急对策和应急防护措施、应急状态的终止和恢复措施、资金和物资保障等作出明确规定。《放射性物品运输安全管理条例》③《核电厂核事故应急报告制度》《核事故辐射影响越境应急管理规定》④等行政法规、规章与规范性文件也对核事故有关应急管理工作作出规定。

7.3.4 海上突发公共卫生事件应急管理法律法规

突发公共卫生事件,是指突然发生,造成或者可能造成社会公众健康严重损害的重大传染病疫情、群体性不明原因疾病、重大食物和职业中毒以及其他严重影响公众健康的事件。就海上范围而言,突发公共卫生事件主要是指发生在海上航行船舶以及海上生产经营设施的公共卫生事件。2020 年 2 月在"钻石公主"号(Diamond Prin-

---

① 《放射性污染防治法》于 2003 年 6 月 28 日第十届全国人民代表大会常务委员会第三次会议通过。

② 《核电厂核事故应急救援管理条例》于 1993 年 8 月 4 日国务院令第 124 号发布,并于 2011 年 1 月修订。

③ 《放射性物品运输安全管理条例》于 2009 年 9 月 7 日国务院第 80 次常务会议通过,自 2010 年 1 月 1 日起施行。

④ 《核电厂核事故应急报告制度》由原国防科工委于 2001 年 12 月 11 日发布实施。《核事故辐射影响越境应急管理规定》于 2002 年 1 月 11 日由原国防科工委委务会通过,自 2002 年 4 月 1 日起实施。

cess)国际邮轮发生的聚集性新冠感染疫情即为典型事例。从海上突发公共卫生事件应急管理角度而言,相关的法律法规主要有《传染病防治法》《生物安全法》《食品安全法》《职业病防治法》《国境卫生检疫法》《突发公共卫生事件应急条例》等。

《传染病防治法》①是我国预防、控制和消除传染病的发生与流行,保障人体健康和公共卫生而制定的法律,是我国公共卫生事件应急管理工作的主要法律依据。《传染病防治法》第十二条规定:"在中华人民共和国领域内的一切单位和个人,必须接受疾病预防控制机构、医疗机构有关传染病的调查、检验、采集样本、隔离治疗等预防、控制措施,如实提供有关情况。"这也意味着,在我国领海或者领水范围航行的我国船舶,发生公共卫生事件,也应适用《传染病防治法》。《传染病防治法》共九章,主要内容有"传染病预防""疫情报告、通报和公布""疫情控制""医疗救治""监督管理""保障措施"等。《传染病防治法实施办法》②《突发公共卫生事件应急条例》③是依据《传染病防治法》而颁布实施的行政法规,在突发公共卫生事件(传染病)的预防、疫情报告与信息发布、应急处理等方面又作出进一步的细化规定。

《生物安全法》④是为了维护国家安全,防范和应对生物安全风险,保障人民生命健康,保护生物资源和生态环境而制定的法律。《生物安全法》适用于防控重大新发突发传染病、动植物疫情等与生物安全相关的活动。

《动物防疫法》⑤是为了加强对动物防疫活动的管理,预防、控制、净化、消灭动物疫病,促进养殖业发展,防控人畜共患传染病,保障公共卫生安全和人体健康而制定的法律。在我国领域内的动物防疫及其监督管理活动均适用该法。《进出境动植物检疫法》⑥是为防止动物传染病、寄生虫病和植物危险性病、虫、杂草以及其他有害生物(以下简称病虫害)传入、传出国境,保护农、林、牧、渔业生产和人体健康,促进对外

---

① 《传染病防治法》于1989年2月21日第七届全国人民代表大会常务委员会第六次会议审议通过,并分别于2004年8月、2013年6月两次进行修订。

② 《传染病防治法实施办法》于1991年10月4日国务院批准,1991年12月6日卫生部令第17号发布,自发布之日起施行。

③ 《突发公共卫生事件应急条例》于2003年5月9日国务院令第376号公布,并于2011年1月修订。

④ 《生物安全法》由第十三届全国人民代表大会常务委员会第二十二次会议于2020年10月17日通过,自2021年4月15日起施行。

⑤ 《动物防疫法》于1997年7月3日第八届全国人民代表大会常务委员会第二十六次会议审议通过,并分别于2007年8月、2013年6月、2015年4月、2021年1月进行修正或修订。

⑥ 《进出境动植物检疫法》于1991年10月30日第七届全国人民代表大会常务委员会第二十二次会议审议通过,并于2009年8月修正。

经济贸易的发展而制定的法律。《国境卫生检疫法》①是为了防止传染病由国外传入或者由国内传出,实施国境卫生检疫而制定的法律。《国境卫生检疫法》明确在我国国际通航的港口、机场以及陆地边境和国界江河的口岸,设立国境卫生检疫机关,依照法律规定实施传染病检疫、监测和卫生监督。国境卫生检疫机关发现检疫传染病或者疑似检疫传染病时,除采取必要措施外,必须立即通知当地卫生行政部门与国务院卫生行政部门;在国外或者国内有检疫传染病大流行的时候,我国可以采取封锁国境等紧急措施。《重大动物疫情应急条例》②是为了迅速控制、扑灭重大动物疫情,保障养殖业生产安全,保护公众身体健康与生命安全而依据《动物防疫法》制定的行政法规。该条例所称的重大动物疫情,是指"高致病性禽流感等发病率或者死亡率高的动物疫病突然发生,迅速传播,给养殖业生产安全造成严重威胁、危害,以及可能对公众身体健康与生命安全造成危害的情形"。条例明确规定,我国出入境检验检疫机关应当及时收集境外重大动物疫情信息,加强进出境动物及其产品的检验检疫工作,防止动物疫病传入和传出。条例还对"应急准备""监测、报告和公布""应急处理""法律责任"等作出明确规定。《国境卫生检疫法实施细则》③是依据《国境卫生检疫法》而颁布的行政法规,对疫情通报、卫生检疫机关、海港检疫、卫生处理、传染病监测等内容作出进一步的明确规定。

《食品安全法》④是我国食品安全领域的基础性法律,明确规定我国建立食品安全风险监测制度与食品安全风险评估制度,对食源性疾病、食品污染以及食品中的有害因素进行监测,对食品、食品添加剂、食品相关产品中生物性、化学性和物理性危害因素进行风险评估。《食品安全法》第七章专章规定"食品安全事故处置",如第一百零二条规定:各级人民政府应组织制定食品安全事故应急预案;食品安全事故应急预案应当对食品安全事故分级、事故处置组织指挥体系与职责、预防预警机制、处置程序、应急保障措施等作出规定。第一百零三条规定:发生食品安全事故的单位应当立

---

　　① 《国境卫生检疫法》于 1986 年 12 月 2 日第六届全国人民代表大会常务委员会第十八次会议审议通过,此后分别于 2007 年 12 月、2009 年 8 月、2018 年 4 月三次进行修正。

　　② 《重大动物疫情应急条例》于 2005 年 11 月国务院令第 450 号发布,并于 2017 年 10 月修订。

　　③ 《国境卫生检疫法实施细则》于 1989 年 2 月 10 日由国务院批准,此后分别于 2010 年 4 月、2016 年 2 月、2019 年 3 月三次进行修订。

　　④ 《食品安全法》始于 1982 年的《食品卫生法(试行)》。现行《食品安全法》于 2009 年 2 月 28 日第十一届全国人民代表大会常务委员会第七次会议通过,并分别于 2015 年 4 月、2018 年 12 月、2021 年 4 月进行修正。

即采取措施,防止事故扩大;事故单位和接收病人进行治疗的单位应当及时向事故发生地县级人民政府食品安全监督管理、卫生行政部门报告。《食品安全法实施条例》①是依据《食品安全法》而制定的行政法规,对食品安全风险监测和评估、食品安全标准、食品检验、食品进出口、食品安全事故处置等方面的内容均作出进一步的规定。

《职业病防治法》②适用于我国领域内的职业病防治活动。如果船员在工作期间因接触粉尘、放射性物质和其他有毒、有害因素而引起的群体性疾病,则应适用《职业病防治法》。《职业病防治法》明确要求用人单位应当建立、健全工作场所职业病危害因素监测及评价制度,以及职业病危害事故应急救援预案;如果发生或者可能发生急性职业病危害事故时,用人单位应当立即采取应急救援和控制措施,并及时报告所在地卫生行政部门和有关部门。

作为海上交通安全的基础性法律,《海上交通安全法》亦有突发公共卫生事件应急管理的相关条款,如《海上交通安全法》第四十条规定:发现在船人员患有或者疑似患有严重威胁他人健康的传染病的,船长应当立即启动相应的应急预案,在职责范围内对相关人员采取必要的隔离措施,并及时报告有关主管部门。

7.3.5 海上社会安全事件应急管理法律法规

社会安全事件是指突然发生,由人为因素引发,社会影响严重的事件,包括恐怖袭击事件、涉外突发事件等。我国海上社会安全事件应急管理法律法规主要有《国家安全法》《反恐怖主义法》《刑法》《治安管理处罚法》等。

《国家安全法》③为了应对国家面临的安全挑战而构建的基础性国家安全法律制度。《国家安全法》规定了国家安全工作的指导思想、基本原则、维护国家安全任务、国家安全保障、国家安全制度和机制等内容。如第十七条规定:"国家加强边防、海防

---

① 《食品安全法实施条例》于 2009 年 7 月 20 日国务院令第 557 号公布,此后分别于 2016 年 2 月、2019 年 3 月两次进行修订。

② 《职业病防治法》于 2001 年 10 月 27 日第九届全国人民代表大会常务委员会第二十四次会议审议通过,此后分别于 2011 年 12 月、2016 年 7 月、2017 年 11 月、2018 年 12 月四次进行修正。

③ 现行《国家安全法》由第十二届全国人民代表大会常务委员会第十五次会议于 2015 年 7 月 1 日通过,自公布之日起施行。

和空防建设,采取一切必要的防卫和管控措施,保卫领陆、内水、领海和领空安全,维护国家领土主权和海洋权益。"第三十三条规定:"国家依法采取必要措施,保护海外中国公民、组织和机构的安全和正当权益"。

《反恐怖主义法》[①]是为了防范和惩治恐怖活动,加强反恐怖主义工作,维护国家安全、公共安全和人民生命财产安全而制定的法律。《反恐怖主义法》明确我国反对一切形式的恐怖主义,依法取缔恐怖活动组织,对任何组织、策划、准备实施、实施恐怖活动,宣扬恐怖主义,煽动实施恐怖活动,组织、领导、参加恐怖活动组织,为恐怖活动提供帮助的,依法追究法律责任。国务院办公厅《关于完善反洗钱、反恐怖融资、反逃税监管体制机制的意见》[②]、中国人民银行《金融机构反洗钱和反恐怖融资监督管理办法》[③]对反恐怖融资等问题作出进一步的规定。对于防范生物恐怖袭击与防御生物武器威胁活动,则可适用《生物安全法》。

《数据安全法》[④]主要适用于在中华人民共和国境内开展数据处理活动及其安全监管;但对于在中华人民共和国境外开展数据处理活动,损害中华人民共和国国家安全、公共利益或者公民、组织合法权益的,则仍依法追究有关责任主体响应的法律责任。

《刑法》[⑤]是我国处理刑事犯罪的基础性法律。《刑法》第二条明确规定,中华人民共和国刑法的任务,是用刑罚同一切犯罪行为作斗争,以保卫国家安全,保卫人民民主专政的政权和社会主义制度,保护国有财产和劳动群众集体所有的财产,保护公民私人所有的财产,保护公民的人身权利、民主权利和其他权利,维护社会秩序、经济秩序,保障社会主义建设事业的顺利进行。《刑法》对属地管辖、属人管辖、保护管辖与普遍管辖等作出明确规定。如《刑法》第六条规定:"凡在中华人民共和国领域内犯

---

① 《反恐怖主义法》于 2015 年 12 月 27 日第十二届全国人民代表大会常务委员会第十八次会议通过,并于 2018 年 4 月 27 日第十三届全国人民代表大会常务委员会第二次会议《关于修改〈中华人民共和国国境卫生检疫法〉等六部法律的决定》修正。

② 国务院办公厅《关于完善反洗钱、反恐怖融资、反逃税监管体制机制的意见》(国务院办公厅国办函〔2017〕84 号)自 2017 年 8 月 29 日起施行。

③ 中国人民银行《金融机构反洗钱和反恐怖融资监督管理办法》(中国人民银行令〔2021〕第 3 号)自 2021 年 08 月 01 日起施行。

④ 《数据安全法》由第十三届全国人民代表大会常务委员会第二十九次会议于 2021 年 6 月 10 日通过,自 2021 年 9 月 1 日起施行。

⑤ 《刑法》于 1979 年 7 月 1 日第五届全国人民代表大会第二次会议审议通过,此后经过十多次的修正。最新的修正文本是 2020 年 12 月 26 日第十三届全国人民代表大会常务委员会第二十四次会议通过的《中华人民共和国刑法修正案(十一)》。

罪的,除法律有特别规定的以外,都适用本法。凡在中华人民共和国船舶或者航空器内犯罪的,也适用本法。"第八条规定:"外国人在中华人民共和国领域外对中华人民共和国国家或者公民犯罪,而按本法规定的最低刑为三年以上有期徒刑的,可以适用本法,但是按照犯罪地的法律不受处罚的除外。"《刑法》第二章"危害公共安全罪"及第六章"妨害社会管理秩序罪"等相关条款均可适用于海上社会安全事件处置。如第一百一十六条规定:"破坏火车……船只、航空器,足以使火车……船只、航空器发生倾覆、毁坏危险,尚未造成严重后果的,处三年以上十年以下有期徒刑。"第一百一十七条规定:"破坏……航道、灯塔、标志或者进行其他破坏活动,足以使……船只、航空器发生倾覆、毁坏危险,尚未造成严重后果的,处三年以上十年以下有期徒刑。"

《治安管理处罚法》是为维护社会治安秩序,保障公共安全,保护公民、法人和其他组织的合法权益,规范和保障公安机关及其人民警察依法履行治安管理职责而制定的法律。对于扰乱公共秩序,妨害公共安全等行为,构成犯罪的,则依照《刑法》的规定追究刑事责任;尚不够刑事处罚的,则依照《治安管理处罚法》给予治安管理处罚。对于治安管理处罚的程序,则主要适用《治安管理处罚法》《行政处罚法》的有关规定。

7.4 海洋突发事件应急管理的国际法规范

国际条约与协定是我国应急处置海洋突发事件的重要法律渊源。例如,《海上交通安全法》第七十九条规定:"在中华人民共和国缔结或者参加的国际条约规定由我国承担搜救义务的海域内开展搜救,依照本章规定执行。中国籍船舶在中华人民共和国管辖海域以及海上搜救责任区域以外的其他海域发生险情的,中国海上搜救中心接到信息后,应当依据中华人民共和国缔结或者参加的国际条约的规定开展国际协作。"《海洋环境保护法》第九十六条规定:"中华人民共和国缔结或者参加的与海洋环境保护有关的国际条约与本法有不同规定的,适用国际条约的规定;但是,中华人民共和国声明保留的条款除外。"《防治船舶污染海洋环境管理条例》第七十三条规定:"中华人民共和国缔结或者参加的国际条约对防治船舶及其有关作业活动污染海洋环境有规定的,适用国际条约的规定。"《核电厂核事故应急救援管理条例》第四十一条规定："对可能或者已经造成放射性物质释放超越国界的核事故应急,除执行本条例的规定外,并应当执行中华人民共和国缔结或者参加的国际条约的规定,但是中华人民共和国声明保留的条款除外。"

当前我国缔结或者参加的涉海洋突发事件应急处置的国际公约或者协定主要有《联合国海洋法公约》《1972年国际海上避碰规则公约》《1974年国际海上人命安全公约》《1979年国际海上搜寻救助公约》《1988年制止危及海上航行安全非法行为公约》《1988年制止危及大陆架固定平台安全非法行为议定书》《1989年国际救助公约》《1990年国际油污防备、反应和合作公约》《中美海上搜救协定》《中朝海上搜救协定》等。

参考文献

[1]张文显.法理学[M].5版.北京:高等教育出版社,2018.

[2]肖永辉.法理学[M].北京:中国政法大学出版社,2011.

[3]李尧远.应急预案管理[M].北京:北京大学出版社,2013.

[4]梁晓辉.我国拟修改突发事件应对法:畅通信息报送和发布渠道[EB/OL].(2021-12-17)[2022-10-15].https://m.chinanews.com/wap/detail/chs/zw/9631994.shtml.

附录

海洋灾害应急预案[①]

一、总则

(一)编制目的与依据

为切实履行海洋灾害防御职责,最大限度减轻海洋灾害造成的人员伤亡和财产损失,依据《中华人民共和国突发事件应对法》《海洋观测预报管理条例》《国家突发公共事件总体应急预案》《突发事件应急预案管理办法》和《国家防汛抗旱应急预案》,制定本预案。

(二)适用范围

本预案适用于自然资源部组织开展的我国管辖海域范围内风暴潮、海浪、海冰和海啸灾害的观测、预警和灾害调查评估等工作。

二、组织机构及职责

(一)自然资源部海洋预警监测司(以下简称预警司)

负责组织协调部系统海洋灾害观测、预警、灾害调查评估和值班信息及约稿编制报送等工作,修订完善《海洋灾害应急预案》。

(二)自然资源部办公厅(以下简称办公厅)

负责及时传达和督促落实党中央国务院领导同志及部领导有关指示批示;及时高效运转涉及海洋灾害观测、预警信息的约稿通知等;保证24小时联络畅通,及时协助预警司按程序上报值班信息,切实强化值班信息时效性,重要情况督促续报;协调信息公开和新闻宣传工作。

(三)自然资源部海区局(以下简称海区局)

负责组织协调本海区应急期间的海洋灾害观测、预警,发布本海区海洋灾害警

---

① 自然资源部办公厅关于印发海洋灾害应急预案的通知(自然资办函〔2022〕1825号)(2022年8月30日)。

报,组织开展本海区海洋灾害调查评估,汇总形成本海区海洋灾害应对工作总结。协助地方开展海洋防灾减灾工作。

(四)国家海洋技术中心(以下简称海洋技术中心)

负责开展应急期间海洋观测仪器设备运行状态监控,并提供技术支撑,汇总形成应急期间观测设备运行情况报告。

(五)国家海洋环境预报中心(以下简称预报中心)

负责组织开展海洋灾害应急预警报会商,发布全国海洋灾害警报,提供服务咨询,参与海洋灾害调查评估,汇总形成海洋灾害预警报工作总结。

(六)国家海洋信息中心(以下简称海洋信息中心)

负责全国海洋观测数据传输和网络状态监控,提供应急期间数据传输和网络维护技术支撑,开展数据共享服务保障,汇总形成应急期间数据传输与共享服务保障情况报告。

(七)自然资源部海洋减灾中心(以下简称海洋减灾中心)

负责研究绘制国家尺度台风风暴潮风险图,组织开展海洋灾情统计,成立应急专家组,监督指导海洋灾害调查与评估工作,提供服务咨询,汇总形成海洋灾害调查评估报告。

(八)国家卫星海洋应用中心(以下简称海洋卫星中心)

负责开展应急期间的卫星遥感资料解译与专题产品制作分发与共享服务,为海洋预报和减灾机构提供遥感信息支撑。

三、应急响应启动标准

按照影响严重程度、影响范围和影响时长,海洋灾害应急响应分为Ⅰ级(特别重大)、Ⅱ级(重大)、Ⅲ级(较大)、Ⅳ级(一般)四个级别,分别对应最高至最低响应级别。海洋灾害警报分为红、橙、黄、蓝四色,分别对应最高至最低预警级别。

海洋灾害应急响应级别可根据海洋灾害影响预判情况适当调整。

(一)当出现以下情况之一时,启动Ⅰ级海洋灾害应急响应

1.预报中心发布2个及以上地级市风暴潮红色警报,且发布北海区近岸海域①海浪橙色或红色警报。

---

① 北海区近岸海域是指辽宁、河北、天津、山东的近岸海域。

2.预报中心发布 2 个及以上地级市风暴潮红色警报,且发布东海、南海区近岸海域^①海浪红色警报。

3.预报中心连续 5 天发布海冰红色警报。

4.预报中心发布海啸橙色或红色警报。

(二)当出现以下情况之一时,启动Ⅱ级海洋灾害应急响应

1.预报中心发布 2 个及以上地级市风暴潮橙色警报或 1 个及以上地级市风暴潮红色警报。

2.预报中心发布近岸海域海浪红色警报。

3.预报中心连续 2 天发布海冰橙色或红色警报。

4.预报中心发布海啸黄色警报。

(三)当出现以下情况之一时,启动Ⅲ级海洋灾害应急响应

1.预报中心发布 2 个及以上地级市风暴潮黄色警报或 1 个地级市风暴潮橙色警报。

2.预报中心发布近岸海域海浪橙色警报或近海海域海浪红色警报。

3.预报中心连续 2 天发布海冰蓝色或黄色警报。

(四)当出现以下情况之一时,启动Ⅳ级海洋灾害应急响应

1.预报中心发布 2 个及以上地级市风暴潮蓝色警报或 1 个地级市风暴潮黄色警报。

2.预报中心发布近岸海域海浪黄色警报或近海海域海浪橙色警报。

四、响应程序

(一)海洋灾害预判预警

预计将发布风暴潮、海浪和海冰灾害警报时,预报中心应组织各级海洋预报机构开展预判会商,及时发布海洋灾害预警报信息,并将会商意见报送预警司。

(二)应急响应

1.Ⅰ级海洋灾害应急响应

(1)签发应急响应命令

根据Ⅰ级海洋灾害应急响应启动标准,由分管部领导签发启动或调整为Ⅰ级应

---

① 东海区近岸海域是指江苏、上海、浙江、福建的近岸海域,南海区近岸海域是指广东、广西、海南的近岸海域。

急响应的命令,发送部属有关单位,抄送受灾害影响省(自治区、直辖市)的自然资源(海洋)主管部门。

(2)加强组织管理

预计将启动Ⅰ级海洋灾害应急响应时,预警司组织部属有关单位和受灾害影响省(自治区、直辖市)自然资源(海洋)主管部门,召开海洋灾害应急视频部署会,分管部领导出席,部署开展海洋灾害应急准备工作。

预警司和有关单位落实应急值班制度,确定带班领导和应急值班人员,保持24小时通信畅通。预警司领导和有关单位厅局级领导、值班人员每日参加海洋灾害应急视频会商,密切关注海洋灾害发生发展动态,研究决策应急响应工作。

海洋减灾中心会同预报中心、相关海区局成立并派出海洋灾害应急专家组,开展灾害调查评估,监督指导海洋灾害应急处置,提供决策咨询和技术支持。

(3)加密观测

风暴潮和海浪灾害应急响应启动期间,有关海区局组织开展海浪加密观测。其中具备条件的自动观测点每半小时加密观测1次,人工观测点在确保人员安全且具备观测条件的前提下每小时加密观测1次,并将数据实时传输至预报中心。

海冰灾害影响期间,有关海区局每天组织开展1次重点岸段现场巡视与观测,必要时应组织开展无人机航空观测,并在当天将数据发送至预报中心、海洋减灾中心、海洋卫星中心和相关省(自治区、直辖市)海洋预报机构。

海洋卫星中心统筹国内外卫星资源,加密获取卫星数据,及时将卫星数据和专题产品发送至预报中心、海洋减灾中心、相关海区局和省(自治区、直辖市)海洋预报减灾机构。

(4)应急会商与警报发布

预报中心组织各级海洋预报机构开展应急会商,其中风暴潮、海浪灾害视频会商每日不低于2次,风暴潮警报每日8时、16时、22时发布1期,海浪警报每日8时、16时分别发布1期,若发布近岸海域海浪红色警报,夜间加发1期;海冰灾害视频会商每日不低于1次,海冰警报每日16时发布1期。如遇灾害趋势发生重大变化时应加密会商并发布警报。海洋灾害警报要及时报应急管理部和国家防汛抗旱总指挥部。

预计发生海啸灾害时,预报中心不必组织各级海洋预报机构开展会商,直接发布海啸警报并随时滚动更新。如预计海啸灾害将影响港澳台地区,预报中心第一时间直接向港澳地区有关部门发布海啸预警信息,同时报外交部、港澳办、台办。

（5）值班信息报送

海洋技术中心、预报中心、海洋信息中心、海洋减灾中心、海洋卫星中心、各海区局每日向预警司报送值班信息，报告本单位领导带班和海洋灾害应急工作情况，观测、实况、预报和灾情等关键信息要在上午9时前报送，其他情况下午15时前报送；如遇突发情况要随时报送。预警司编报《自然资源部值班信息》。

2.Ⅱ级海洋灾害应急响应

（1）签发应急响应命令

根据Ⅱ级海洋灾害应急响应启动标准，由预警司司领导签发启动或调整为Ⅱ级应急响应的命令，发送部属有关单位，抄送受灾害影响省（自治区、直辖市）的自然资源（海洋）主管部门。

（2）加强组织管理

预警司和有关单位落实应急值班制度，确定带班领导和应急值班人员，保持全天24小时通信畅通，值班人员每日参加应急视频会商，密切关注海洋灾害发生发展动态，协调指挥应急响应工作。

海洋减灾中心会同预报中心、相关海区局成立并派出海洋灾害应急专家组，开展灾害调查评估，监督指导海洋灾害应急处置，提供决策咨询和技术支持。

（3）加密观测

海浪灾害应急响应启动期间，有关海区局组织开展海浪加密观测。其中具备条件的自动观测点每半小时加密观测1次，人工观测点在确保人员安全且具备观测条件的前提下每小时加密观测1次，并将数据实时传输至预报中心。

海冰灾害影响期间，有关海区局每周组织开展至少2次重点岸段现场巡视与观测，必要时应组织开展无人机航空观测，并在当天将数据发送至预报中心、海洋减灾中心和相关省（自治区、直辖市）海洋预报机构。

海洋卫星中心统筹国内外卫星资源，加密获取卫星数据，及时将卫星数据和专题产品发送至预报中心、海洋减灾中心、相关海区局和省（自治区、直辖市）海洋预报减灾机构。

（4）应急会商与警报发布

预报中心组织各级海洋预报机构开展应急会商，其中风暴潮、海浪灾害视频会商每日不低于2次，风暴潮警报每日8时、16时分别发布1期，若发布风暴潮红色警报，夜间加发1期，海浪警报每日8时、16时分别发布1期，若发布近岸海域海浪红色警报,夜间加发 1 期;海冰灾害视频会商每日不低于 1 次,海冰警报每日 16 时发布 1 期。如遇灾害趋势发生重大变化时,应加密会商并发布警报。海洋灾害警报要及时报应急管理部和国家防汛抗旱总指挥部。

预计发生海啸灾害时,预报中心不必组织各级海洋预报机构开展会商,直接发布海啸警报并随时滚动更新。如预计海啸灾害将影响港澳台地区,预报中心第一时间直接向港澳地区有关部门发布海啸预警信息,同时报外交部、港澳办、台办。

(5)值班信息报送

海洋技术中心、预报中心、海洋信息中心、海洋减灾中心、海洋卫星中心、各海区局每日向预警司报送值班信息,报告本单位领导带班和海洋灾害应急工作情况,观测、实况、预报和灾情等关键信息要在上午 9 时前报送,其他情况下午 15 时前报送;如遇突发情况要随时报送。预警司编报《自然资源部值班信息》。

3.Ⅲ级海洋灾害应急响应

(1)签发应急响应命令

根据Ⅲ级海洋灾害应急响应启动标准,由预警司司领导签发启动或调整为Ⅲ级应急响应的命令,发送部属有关单位,抄送受灾害影响省(自治区、直辖市)的自然资源(海洋)主管部门。

(2)加强组织管理

预警司和有关单位落实应急值班制度,确定带班领导和应急值班人员,保持全天 24 小时通信畅通,密切关注海洋灾害发生发展动态,协调指挥应急响应工作。

如预判可能发生重大灾情,海洋减灾中心会同预报中心、相关海区局成立并派出海洋灾害应急专家组,开展灾害调查评估、监督指导海洋灾害应急处置,提供决策咨询和技术支持。

(3)加密观测

海浪灾害应急响应启动期间,有关海区局视情况组织开展海浪加密观测。

海冰灾害影响期间,有关海区局每周组织开展 1 次重点岸段现场巡视与观测,并在当天将数据发送至预报中心、海洋减灾中心和相关省(自治区、直辖市)海洋预报机构。

海洋卫星中心及时制定探测计划,加密获取自主海洋卫星数据。及时将卫星数据和专题产品发送至预报中心、海洋减灾中心、相关海区局和省(自治区、直辖市)海洋预报减灾机构。

（4）应急会商与警报发布

预报中心组织各级海洋预报机构开展应急会商，其中风暴潮、海浪灾害视频会商每日不低于 1 次，风暴潮、海浪警报每日 8 时、16 时分别发布 1 期；海冰灾害视频会商每日不低于 1 次，海冰警报每日 16 时分别发布 1 期。如遇灾害趋势发生重大变化时，应加密会商并发布警报。海洋灾害警报要及时报应急管理部和国家防汛抗旱总指挥部。

（5）值班信息报送

海洋技术中心、预报中心、海洋信息中心、海洋减灾中心、海洋卫星中心、各海区局视情况向预警司报送值班信息，报告本单位领导带班和海洋灾害应急工作情况。观测、实况、预报和灾情等关键信息要在每日上午 9 时前报送。如预判可能发生重大灾情，预警司编报《自然资源部值班信息》。

4.Ⅳ级海洋灾害应急响应

（1）签发应急响应命令

根据Ⅳ级海洋灾害应急响应启动标准，由预警司司领导签发启动或调整为Ⅳ级应急响应的命令，发送给部属有关单位，抄送受灾害影响省（自治区、直辖市）的自然资源（海洋）主管部门。

（2）加强组织管理

预警司和有关单位落实应急值班制度，确定带班领导和应急值班人员，保持全天 24 小时通信畅通，密切关注海洋灾害发生发展动态，协调指挥应急响应工作。

如预判可能发生重大灾情，海洋减灾中心会同预报中心、相关海区局成立并派出海洋灾害应急专家组，开展灾害调查评估，监督指导海洋灾害应急处置，提供决策咨询和技术支持。

（3）加密观测

海浪灾害应急响应启动期间，有关海区局视情况组织开展海浪加密观测。

海洋卫星中心及时制定探测计划，加密获取自主海洋卫星数据，及时将卫星数据和专题产品发送至预报中心、海洋减灾中心、相关海区局和省（自治区、直辖市）海洋预报减灾机构。

（4）应急会商与警报发布

预报中心组织各级海洋预报机构开展应急会商，其中风暴潮、海浪灾害视频会商每日不低于 1 次，风暴潮、海浪警报每日 8 时、16 时分别发布 1 期。如遇灾害趋势发生重大变化时,应加密会商并发布警报。海洋灾害警报要及时报应急管理部和国家防汛抗旱总指挥部。

（5）值班信息报送

海洋技术中心、预报中心、海洋信息中心、海洋减灾中心、海洋卫星中心、各海区局视情况向预警司报送值班信息,报告本单位领导带班和海洋灾害应急工作情况。观测、实况、预报和灾情等关键信息要在每日上午9时前报送。如预判可能发生重大灾情,预警司编报《自然资源部值班信息》。

(三)应急响应终止

海洋灾害警报解除后,由预警司司领导签发应急响应终止的通知,发送部属有关单位,抄送受灾害影响省（自治区、直辖市）的海洋灾害应急主管部门。

(四)信息公开

办公厅协调,预警司负责组织相关单位采取发布新闻通稿、接受记者采访、组织现场报道和直播连线等方式,通过电视、广播、报纸、新媒体等多种途径,主动、及时、准确、客观地向社会发布海洋灾害预警和应对工作信息,回应社会关切,澄清不实信息,引导社会舆论。信息公开内容主要包括海洋灾害种类、强度、影响范围、发展趋势及应急响应和服务工作等。

(五)工作总结与评估

1.灾害应对工作总结

Ⅰ级和Ⅱ级海洋灾害应急响应终止后,参与本次应急响应的有关单位应及时做好总结,并在响应终止后5个工作日内,将工作总结报送预警司。

2.灾害调查评估

海洋灾害应急响应终止后,各相关单位按照《海洋灾害调查评估和报送规定》开展海洋灾害调查评估,海洋减灾中心负责汇总海洋灾害调查评估报告并上报至预警司,并及时反馈给相关省份。

五、保障措施

各海区局、海洋技术中心和海洋信息中心应加强海洋观测预报仪器设备和数据传输系统的运行状况监控工作,保障海洋观测数据及时传输共享。当仪器设备或传输系统出现故障时,各单位应及时逐级上报并设法修复。短期内海洋观测仪器设备确实无法修复的,在确保人员安全且具备观测条件的前提下,应每小时开展1次人工补测,并将数据实时传输至有关单位。数据传输系统故障期间,有关单位每日 8 时至 20 时应每 3 小时 1 次通过其他通信方式及时报送海洋观测整点数据,并在数据传输恢复后,立即完成数据补传。

六、应急预案管理

本预案由自然资源部制定并负责解释,并适时组织评估和修订。

海洋技术中心、预报中心、海洋信息中心、海洋减灾中心、海洋卫星中心、自然资源部各海区局根据本预案,制定本单位执行预案,并向自然资源部备案。

沿海各省(自治区、直辖市)自然资源(海洋)主管部门参照本预案,结合本地需求和实际,组织制定本省(自治区、直辖市)的海洋灾害应急预案,并向自然资源部和本省(自治区、直辖市)应急管理主管部门备案。

本预案自发布之日起实施。

附件:1.海洋灾害应急响应程序流程图

2.海洋灾害应急响应启动标准简表

3.海洋灾害相关术语

4.海洋灾害警报发布标准

附件1 海洋灾害应急响应程序流程图

预判及部署

预判预警

预报中心

①预报中心组织各级海洋预报机构开展预判会商，及时研判发布海洋灾害预警报信息，并将会商意见报送预警司。

应急响应启动标准简表见附件2

签发应急响应命令

分管部领导	预警司
②分管部领导签发启动或调整 I 级应动或签发启动或调整为 II ～ IV 级应响应命令	②预警司领导签发 I 级或调整或 II 级应急启动响应命令

提前部署

预警司

③预判将启动应急响应时，预警司组织动员和通知相关部属有关单位（自治区、直辖市）主管部门，召开海洋灾害应急视频部署会，分管部领导出席、部署开展海洋灾害应急准备工作。

应急值班要求

预警司、海洋技术中心、预报中心、海洋信息中心、海洋减灾中心、海洋卫星中心落实应急值班制度，确定带班领导和值班人员，保持专门值班人员和通信畅通，协调指挥应急领导、值班人员加密应急视频会商、调度指挥应急响应人员。I 级响应期间部领导有关每日参加应急视频会商，II 级响应应时每日值班人员每日参加应急视频会商。

应急响应

加密观测

海区局

1.海浪加密观测：I 级和 II 级响应应组织开展海浪加密观测，其中具备自动观测条件的自动加密观测，在确保人员安全条件下每半小时加密观测点，在确保人员安全并具备观测条件的前提下每小时加密观测1次；III 级和 IV 级响应按视情组织开展海浪加密观测；将观测数据及时传输至预报中心海浪加密观测。

2.海冰加密观测：I 级响应时每天组织开展 1次重点岸段现场观测，并在当天将数据发送至预报机构，必要时组织开展无人机航空巡视观测。II 级响应组织每周现场观测与观测，必要时组织开展现场巡视与观测，并在当天将数据发送至预报机构。III 级响应时每周组织开展至预报机构。重点岸段现场观视与观测，并在当天将数据发送至预报机构，必要时组织开展重点岸段现场巡视与观测，并在当天将数据发送至预报机构。III 级响应视情组织开展重点岸段现场巡视与观测、在当天将数据发送至预报机构，直辖市海洋预报减灾中心和省级海洋预报机构。

海洋卫星中心

I 级和 II 级响应应时海洋卫星中心统筹国内外卫星资源，加密获取卫星数据，III 级和 IV 级响应按视情制定海洋卫星监测计划，加密获取海洋卫星数据及时将海洋卫星数据和专题产品发送至预报中心、相关海区局和省（自治区、直辖市）海洋预报减灾机构。

应急会商与警报发送

海洋技术中心、预报中心、海洋信息中心、海洋卫星中心、海洋减灾中心、各海区局

1.应急会商：预报中心组织各级预报机构开展应急会商。I 级和 IV 级响应应每日视频会商 2次，III 级和 IV 级响应不开展应急会商。风暴潮海浪灾害应急会商。海冰灾害应急每日视频会商 1次，海洋信息中心、海洋减灾中心参加会商。

2.警报发送：各海区局按照应急值班制度参加加视频会商，风暴潮红色警报，需每向加更新。预报随时滚动更新。海洋预警报每日发布不少于2期。当发布风暴潮红色警报每日发布不少于 1期。预报中心红色警报发布海洋冰警报每日发布不少于 2期，灾害影响目的地区，海洋减灾中心第一时间直接向港澳地区发布海啸预警信息，同时报外 I 级省自治区、直辖市海洋预报机构，台办。

值班信息报送

海洋技术中心、预报中心、海洋信息中心、海洋卫星中心、海洋减灾中心、各海区局

海洋技术中心、预报中心、海洋信息中心、海洋卫星中心、海洋减灾中心、海洋信息中心、海洋减灾中心向预警司报送值班信息。I 级和 II 级响应时报告本中心领导带班班和海洋灾害报送情况，实况，预报和灾情等情况。15时前向报送当地观测、实况，III 级和 IV 级响应时每日视情前报送前报灾情况，实况，预报和灾情等信息。

海区局

I 级和 II 级响应时，或 III 级和 IV 级响应判研判自然资源部《自然资源信息》可编情况汇报。海冰灾害发生重大灾害时，海洋减灾中心、海洋信息中心、海洋卫星中心报送值班信息。

海洋减灾中心、各海区局

当发生风暴潮红色警报和近岸海啸警报时，海洋减灾中心直接发布海啸报和近岸海啸警报时，预报中心向总指挥部，如预计海啸发生时直接向国家防汛抗旱总指挥部和有关沿海地区有关部门发布海啸预警信息，提供技术支持，同时督促指导海洋灾害应急处置，开展灾害调查评估，提供决策咨询。

信息公开

办公厅、预警司

I 级和 IV 级响应时，成立并派遣海洋灾害应急专家组，开展灾害调查评估，指导海洋灾害应急处置，发展趋势及应急响应和服务工作等。

办公厅协调、预警司各有关业务组织相关单位采取采访、组织现场报道和直接宣传，接受记者采访，及时、准确、客观回应地向社会关切，澄清事实情况，引导社会舆论、信息公会开发布海洋灾害种类、强度、影响范围等工作。信息公开方式：通过电视、广播、报纸、网络等，新媒体多种途径，主动、及时、准确发布信息，回应社会关切。播连续发布信息，实况。9时前报送其他地信息，III 级和 IV 级响应时每日视情前报送前报灾情况，实况，预报和灾情信息。

响应终止与总结

应急响应终止

预警司

海洋灾害警报解除后，由应急终止后，预警司领导签发应急终止的通知，发送部属有关单位，抄送受灾影响省（自治区、直辖市）的海洋灾害应急主管部门。

工作总结与评估

海洋技术中心、预报中心、海洋信息中心、海洋卫星中心、海洋减灾中心、各海区局

I 级和 II 级海洋灾害应急响应终止后，参与应对本次响应的有关单位应及时做好总结，响应终止后5个工作日内，将工作总结和响应情况报送预警司。

海洋减灾中心

海洋灾害应急响应终止后，组织有关单位按照《海洋灾害评估技术规定》开展海洋灾害调查评估，海洋减灾中心负责汇总调查评估结果报告并上报至预警司。

附件 2　海洋灾害应急响应启动标准简表

	风暴潮	近岸海浪	近海海浪	海啸	海冰
Ⅰ级应急响应	2个及以上地级市风暴潮红色警报且北海区近岸海浪橙色或红色警报 2个及以上地级市风暴潮红色警报且东海、南海区近岸海浪红色警报	无		红色警报 橙色警报	连续5天发布红色警报
Ⅱ级应急响应	2个及以上地级市橙色警报或1个及以上地级市红色警报	红色警报	无	黄色警报	连续2天发布橙色或红色警报
Ⅲ级应急响应	2个及以上地级市黄色警报或1个地级市橙色警报	橙色警报	红色警报	无	连续2天发布蓝色或黄色警报
Ⅳ级应急响应	2个及以上地级市蓝色警报或1个地级市黄色警报	黄色警报	橙色警报	无	无

附件 3　海洋灾害相关术语

一、风暴潮灾害

由于热带气旋、温带天气系统、海上飑线等风暴过境所伴随的强风和气压骤变而引起的局部海面振荡或非周期性异常升高(降低)现象,称为风暴潮。风暴潮、天文潮和近岸海浪结合引起的沿岸涨水造成的灾害,称为风暴潮灾害。

二、海浪灾害

海浪是海洋中由风产生的波浪,包括风浪及其演变而成的涌浪。因海浪引起的船只损坏和沉没、航道淤积、海洋石油生产设施和海岸工程损毁、海水养殖业受损等和人员伤亡,称为海浪灾害。

三、海啸灾害

海啸是由海底地震、海底火山爆发、海岸山体和海底滑坡等产生的特大海洋长波,在大洋中具有超大波长,但在岸边浅水区时,波高陡涨,骤然形成水墙,来势凶猛,严重时高达 20 米至 30 米以上。海啸灾害指特大海洋长波袭击海上和海岸地带所造成的灾害。

四、海冰灾害

所有在海上出现的冰统称海冰,除由海水直接冻结而成的冰外,还包括来源于陆地的河冰、湖冰和冰川冰。海冰对海上交通运输、生产作业、海上设施及海岸工程等所造成的严重影响和损害,称为海冰灾害。

五、近岸海域

我国领海外部界限向陆一侧的海城。渤海的近岸海城,为自沿岸多年平均大潮高潮线向海一侧 12 海里以内的海域。

六、近海海域

近岸海域外部界限向海一侧至东经 130°以西的渤海、黄海、东海、台湾海峡、南海及邻近海域。

附件 4　海洋灾害警报发布标准

一、风暴潮警报发布标准

(一)风暴潮蓝色警报
受热带气旋或温带天气系统影响,预计未来受影响区域内有一个或一个以上有代表性的验潮站的高潮位达到蓝色警戒潮位,应发布风暴潮蓝色警报。预计未来 24 小时内热带气旋将登陆我国沿海地区,或在离岸 100 千米以内(指热带气旋中心位置),即使受影响区域内有代表性的验潮站的高潮位低于蓝色警戒潮位,也应发布风暴潮蓝色警报。

(二)风暴潮黄色警报
受热带气旋或温带天气系统影响,预计未来受影响区域内有一个或一个以上有代表性的验潮站的高潮位达到黄色警戒潮位,应发布风暴潮黄色警报。

(三)风暴潮橙色警报

受热带气旋或温带天气系统影响,预计未来受影响区域内有一个或一个以上有代表的验潮站的高潮位达到橙色警戒潮位,应发布风暴潮橙色警报。

(四)风暴潮红色警报

受热带气旋或温带天气系统影响,预计未来受影响区域内有一个或一个以上有代表性的验潮站的高潮位达到红色警戒潮位,应发布风暴潮红色警报。

二、海浪警报发布标准

(一)海浪蓝色警报

受热带气旋或温带天气系统影响,预计未来24小时受影响近岸海域出现2.5米至3.5米(不含)有效波高时,应发布海浪蓝色警报。

(二)海浪黄色警报

受热带气旋或温带天气系统影响,预计未来24小时受影响近岸海域出现3.5米至4.5米(不含)有效波高,或者近海预报海域出现6.0米至9.0米(不含)有效波高时,应发布海浪黄色警报。

(三)海浪橙色警报

受热带气旋或温带天气系统影响,预计未来24小时受影响近岸海域出现4.5米至6.0米(不含)有效波高,或者近海预报海域出现9.0米至14.0米(不含)有效波高时,应发布海浪橙色警报。

(四)海浪红色警报

受热带气旋或温带天气系统影响,预计未来24小时受影响近岸海域出现达到或超过6.0米有效波高,或者近海预报海域出现达到或超过14.0米有效波高时,应发布海浪红色警报。

三、海冰警报发布标准

(一)海冰蓝色警报

浮冰范围达到以下情况之一,且冰量8成以上,预计海冰冰情持续发展,应发布相应海湾海冰蓝色警报。不同海湾浮冰范围如下:

1.辽东湾浮冰范围达到60海里;

2.渤海湾浮冰范围达到25海里;

3.莱州湾浮冰范围达到 25 海里;

4.黄海北部浮冰范围达到 25 海里。

(二)海冰黄色警报

浮冰范围达到以下情况之一,且冰量 8 成以上,预计海冰冰情持续发展,应发布相应海湾海冰黄色警报。不同海湾浮冰范围如下:

1.辽东湾浮冰范围达到 75 海里;

2.渤海湾浮冰范围达到 35 海里;

3.莱州湾浮冰范围达到 35 海里;

4.黄海北部浮冰范围达到 35 海里。

(三)海冰橙色警报

浮冰范围达到以下情况之一,且冰量 8 成以上,预计海冰冰情持续发展,应发布相应海湾海冰橙色警报。不同海湾浮冰范围如下:

1.辽东湾浮冰范围达到 90 海里;

2.渤海湾浮冰范围达到 40 海里;

3.莱州湾浮冰范围达到 40 海里;

4.黄海北部浮冰范围达到 40 海里。

(四)海冰红色警报

浮冰范围达到以下情况之一,且冰量 8 成以上,预计海冰冰情持续发展,应发布相应海湾海冰红色警报。不同海湾浮冰范围如下:

1.辽东湾浮冰范围达到 105 海里;

2.渤海湾浮冰范围达到 45 海里;

3.莱州湾浮冰范围达到 45 海里;

4.黄海北部浮冰范围达到 45 海里。

四、海啸警报发布标准

(一)海啸黄色警报

受地震或其他因素影响,预计海啸波将会在我国沿岸产生 0.3 米(含)至 1.0 米的海啸波幅,发布海啸黄色警报。

(二)海啸橙色警报

受地震或其他因素影响,预计海啸将会在我国沿岸产生 1.0 米(含)至 3.0 米的海啸波幅,发布海啸橙色警报。

(三)海啸红色警报。

受地震或其他因素影响,预计海啸波将在我国沿岸产生 3.0 米(含)以上的海啸波幅,发布海啸红色警报。

(四)海啸信息

受地震或其他因素影响,预计海啸波将会在我国沿岸产生 0.3 米以下的海啸波幅,或者没有海啸,发布海啸信息。